自然再生のための
生物多様性モニタリング

鷲谷いづみ
鬼頭秀一 ［編］

東京大学出版会

本書は財団法人日本生命財団の助成を得て刊行された．

Biodiversity Monitoring :
Collaboration to Build Capacity for Ecosystem Management
Izumi WASHITANI and Shuichi KITOH, Editors
University of Tokyo Press, 2007
ISBN978-4-13-066157-7

はじめに

　温暖化や種の大量絶滅など，地球規模でも地域においても生態系の不健全化の兆候が目立つようになった今日，20 世紀に，とくにその最後の四半世紀以降に大きく損なわれた生態系の健全性と生物多様性を取り戻すことは，人類社会の持続可能性の確保のための最重要課題の 1 つとなっている．
　生物多様性は，人々の物心両面での豊かな暮らしと社会経済活動の基盤となる生態系サービスを生み出す源泉であるとともに，生態系の健全性の指標でもある．経済性，効率性のみに目を向けた開発や生物資源の過剰利用が拡大する一方で，生物資源や土地の利用における伝統的な管理が放棄された現在，生態系の健全性は大きく損なわれ，多くの動植物が絶滅に追い込まれている．とくに，河川，湖，湿地などの淡水生態系はその劣化が著しい．
　1980 年代以降，持続可能な資源利用のための「生態系管理」の重要性が強く認識されるようになり，固定的な管理目標や短期的な便益最大化をめざす管理から，生態系の再生や持続可能性の確保を目的とした管理へと，自然資源管理や自然環境にかかわる政策の大転換が起こりつつある．欧米諸国にやや遅れて，日本においても新しい生物多様性国家戦略（2002 年策定）に生物多様性保全・回復の手法として自然再生が位置づけられ，2003 年からは，それを受けた「自然再生推進法」が施行されている．さらに，この法にはもとづかないものも含め，多くの事業が計画されたり実施されている．また，ヨーロッパ諸国に比べると不十分でどちらつかずの感が免れないが，農業環境政策にも遅ればせながら若干の変更が加えられようとしている．それよりもずっと前に進んでいるのがいくつかの地域での農業生態系再生の取り組みである．企業のなかにも社会貢献活動に生物多様性を重要なテーマとして位置づけるところが出てきた．
　自然再生を含む生態系管理においては，生物多様性にかかわるモニタリングおよび評価（本書では一括して「生物多様性モニタリング」と表現）が欠かせないが，それは生物多様性や生態系についての理解を深める「学びの機

会」として大きな意義をもつ．本書では，「生物多様性モニタリング」の理念，その背景，幅広い可能性と意義，さらには多様な実践例を紹介する．また，これまでに各地で実施されてきた市民調査を，「人と自然とのふれあい」の観点に加えて「生物多様性モニタリング」の視点から評価する．生物多様性モニタリングにおいては，市民や研究者の協働が重要であるが，本書自体が，生物多様性と健全な生態系の保全に高い関心をもつ市民を中心とするNGOと生態学および社会学研究者の協働の産物である．

　本書は，生物多様性保全・生態系再生のための新たな科学の確立をめざす東京大学21世紀COEプログラム「生物多様性・生態系再生研究拠点」における研究をベースに，生態学および社会学の研究者，NGOの日本自然保護協会およびアサザ基金のメンバーの参加を得て，日本生命財団の助成を受けて2年間にわたって実施した「生物多様性モニタリング――未来を切り開く協働調査」の研究成果の一部をまとめたものである．私たちの研究では，目的を問わず，市民による，あるいは市民と研究者やそれ以外の主体の参加によるモニタリングを広く取り上げた．研究プロジェクトでは，そのように豊かな内容をもつ生物多様性モニタリングを，自らの実践，現場での観察や情報交換，さらには世界に広く目を向けての事例分析など，多様なアプローチによって研究した．自然科学の研究者が通常イメージするような，「自然の状況把握に役立つモニタリング」はもちろんのこと，自然の状況と関連させながら人の心を探るモニタリングにも焦点をあてた．

　生態系が人間社会を重要な要素として含む以上，自然再生を考えるにあたっては生態学の視点とともに社会学の視点が欠かせない．しかし，この2つの学問領域の間にはこれまであまり接点がなかった．そこで市民と研究者の実践や情報交換を通じた協働に加えて，生態学と社会学の間の文理融合的な協働を試みた．

　本書は，研究成果にもとづいて生物多様性モニタリングをさまざまな面から紹介するとともに，そのような協働に参加した若いメンバーが心血を注いだ研究成果をまとめた．本書をお読みいただくみなさんが，「生物多様性モニタリング」という領域の奥深さ，幅広さを知り，それぞれの実践に活かしうるなにかを吸収していただければ，編者としては望外の喜びである．

編者を代表して　鷲谷いづみ

目次

はじめに i

第Ⅰ部　生物多様性モニタリングとはなにか

第1章　自然再生時代の生物多様性とモニタリング …………… 3

最優先課題としての自然再生と生物多様性　3　　社会的目標としての生物多様性　4　　生物多様性の保全とモニタリング　5　　順応的管理による生態系管理　6　　市民の役割と関心の拡大　6　　生物多様性モニタリングと目的　7　　生態系の健全性とモニタリング　8　　モニタリングと指標　9　　科学的なモニタリングと研究者の役割　9　　非数量的な情報の重要性　10

第2章　生態系の危機と生物多様性 ……………………………… 12

環境の危機への感覚を研ぎ澄ます　12　　ミレニアム生態系評価とは　13　　生態系サービスと幸福の条件　15　　数字でみた人間活動のインパクト　17　　生態系サービスの貸借対照表　19　　生物多様性と「公平な」生態系管理　20

第3章　地域社会の暮らしから生物多様性をはかる
　　　　　――人文社会科学的生物多様性モニタリングの可能性 ……………… 22

生物多様性と文化的多様性　22　　生物多様性と人間の関係のシステム　26　　広義の生物多様性の喪失と再構築　28　　人間のシステムと自然のシステムの共進化　29　　科学技術の根源的不確実性と順応的管理，予防原則　31　　ローカル・ノレッジの復権と生物多様性保全の指標　34　　生物多様性保全の人文社会科学的モニタリング　35

第4章　市民モニタリングの大きな可能性 ……………………… 39

命の水を守る市民モニタリング――メキシコから　39　　サ

クラソウをめぐる市民モニタリング　41　　モニタリングと植生管理　44　　花粉症から生物多様性へ——質の高いモニタリング活動　45

第 II 部　生物多様性保全と市民協働モニタリング

第 5 章　ため池の生物多様性評価 …………………………………49

1. 淡水域の生物受難の時代　49
2. ため池の生物多様性とその危機　50
3. 生物多様性の宝庫の舞台裏　52
4. ため池の生物多様性を計る　55
5. 多様な生物を育むため池とはどのようなため池か　58
6. 環境要求性が強い種類の保全について　59
7. ため池の生物多様性を減少させている要因　61
8. 消える運命にある現存の生物多様性の宝庫としてのため池　66

第 6 章　自然保護のための市民による「ふれあい調査」………70

1. 人と自然とのよい関係「ふれあい」を守る　70
2. 幅広い人と自然とのふれあい　71
3. 「ふれあい調査」の必要性　72
4. 市民による里やまにおけるふれあい活動　73
5. 保全活動のなかで生まれた「ふれあい調査」（事例分析）　77
6. 「ふれあい調査」の提案　85

第 7 章　環境意識と生物多様性 …………………………………89

1. 環境保全と社会の豊かさ　89
2. 社会科学的モニタリングの課題と枠組み　91
3. 下北半島におけるニホンザル問題　93
4. ニホンザル問題と地域住民　98

5. 近い自然と遠い自然　105

第8章　保全生態学が提案する社会調査 ……………………107
　1. 伝統的生態学的知識（TEK）とはなにか　107
　2. 対面調査から自然再生の道しるべを得る　109
　3. 伝統的な水辺の暮らしとその生態学的意義　110
　4. 身近な水辺の生物認識と再生すべき自然のイメージ　116
　5. 伝承に代わる役割を担う市民参加型自然再生　119
　6. 心のなかの生物多様性を蘇らせる　120

第III部　生物多様性モニタリングのフィールドから

第9章　「害鳥」は地域を結ぶ「宝」になれるか
　　　　──宮城県・蕪栗沼周辺の田んぼをめぐる取り組みを通じて ………125
　1. ガンのいる風景──はじめに　125
　2. 「田んぼ」を「沼」に返す
　　　──出会いが開いた新しい眼　127
　3. 「蕪栗沼」と向き合う──蕪栗沼宣言の誕生　130
　4. 「ふゆみずたんぼ」への挑戦
　　　──田んぼをみつめなおす　132
　5. マガンの営みと農業の両立をめざして
　　　──田尻町・伸萠地区の挑戦　134
　6. 「ふゆみずたんぼ」を支える人々──課題と可能性　138
　7. わくわく感とともに歩む──おわりに　139

第10章　ひとや社会から考える自然再生
　　　　──自然再生はなにの「再生」なのか ……………………142
　1. 分析の視角──「ひとと自然のかかわり」から　142
　2. 「かかわり」をさぐる　143
　3. 「かかわり」の環境史──調査結果から　145
　4. 「植生の復元」の限界と社会的精神的な「障壁」　151

5.「障壁」を乗り越えるために──「かかわり」の再生　155

第11章　市民参加の昆虫モニタリング　158

　　　1.「地域の生物情報」とはなにか　158
　　　2. 地域の生物情報を得るための方法　159
　　　3. 情報精度の面からみた市民参加型調査の問題点　160
　　　4. 市民参加型調査によって精度の高い生物情報を
　　　　 得るためには　161
　　　5. 市民参加型調査の手法に学んだ昆虫情報集積システムの
　　　　 企画と運営　162
　　　6. 杉並区自然環境調査における昆虫情報集積システムの
　　　　 活用　168
　　　7. ともに「楽しくためになる」昆虫調査とするために　170

第12章　市民モニタリングが拓く新しいまちづくりの
　　　　　可能性　173

　　　1. アサザプロジェクトのまちづくり　173
　　　2. まちづくり学習プログラムの基本フロー　173
　　　3. 茨城県牛久市での実践例　175
　　　4. まちづくり学習プログラムの成果　186
　　　5. 地域コミュニティのネットワーク化
　　　　 ──生きものの道・地球儀プロジェクト　188

第13章　ため池の生きものの豊かさを守る　193

　　　1. 生きものの豊かな宍塚大池　193
　　　2. 変わる宍塚大池の自然　195
　　　3. 生きものの豊かさを守るための管理　199
　　　4. 順応的な管理をめざして　201
　　　5. 宍塚大池の豊かな水草を蘇らせる　205
　　　6. 市民主体の生きものモニタリングとため池の将来　207

第 14 章　農村における水生昆虫の保全 …………………………209
　　1．生物多様性の高い奥能登平野部のため池群　209
　　2．水生生物の危機的な生息現状　210
　　3．保全活動のきっかけ　213
　　4．外来種の侵入・駆除と水生生物相の変化　213
　　5．行政の保全への取り組み　220
　　6．地域への啓発活動　221
　　7．地元小学校が開始した生物多様性モニタリング　222
　　8．今後の課題と目標　224

おわりに ……………………………………………………………227
索引 …………………………………………………………………229
執筆者一覧 …………………………………………………………234

第Ⅰ部
生物多様性モニタリングとはなにか

イラスト：鶯谷　桂

第1章
自然再生時代の生物多様性とモニタリング

鷲谷いづみ

最優先課題としての自然再生と生物多様性

今世紀になって，20世紀の人間活動がもたらした生態系の不健全化はますます顕在化している．気候変動，大気・水・土壌の汚染，絶滅危惧種の急激な増加など，深刻さを増す諸問題の解決をめざして，世界中で多様な実践が始まっている．それらは，綻び始めた生態系を可能な限り再生し，地域社会，あるいは人類全体の持続可能性を確保しようとする取り組みである．

地球規模では，気候リスクを回避するための大気組成の修復が国際社会における最重要課題の1つになりつつある．ヨーロッパ各国は，京都議定書による取り組みのつぎの段階を見据え，相次いで，60-80％の温室効果ガス排出量の削減計画を発表している．地球の平均温度の上昇を産業革命以前に比べて2℃以下にとどめるためには，目標とする温室効果ガス濃度を約500 ppmとする必要があり，それは2005年までに1990年比で80％，2005年比では82％の排出量の削減を要すると見積もられるからである．そのような大幅削減を成功させるには，エネルギー供給システムとエネルギー効率に加えて，人々のライフスタイルにも非常に大きな変革が必要である．

地域における自然再生の実践・事業としては，絶滅リスクの高まった絶滅危惧植物の個体群の保全といった比較的小規模な空間範囲を対象とするものから，大河川の流域全体，さらには海域を含む広域的な物質循環の修復をねらいとする大規模なものまで，地域ごと，国ごとに多様な事業が計画され，すでに実践に移されているものもある．それらは一括してエコロジカル・レストレーション（ecological restoration）とよばれるが，本書では，それを修復よりは広い意味を込めて「自然再生」と表現する．

これらの再生の取り組みは，主要な対象と目標，空間的な規模，修復・再

生の手法，取り組みの主体などにおいてさまざまだが，「人間を重要な要素として含む生態系」の現状の不健全さを問題とし，その健全性を取り戻すための試みであるという点で共通する．

　生物多様性は，自然再生の取り組みにおいて，保全・回復すべき対象である一方で，生態系の健全性の指標としての役割も果たす．したがって，生物多様性を指標とするモニタリングは，さまざまな生態系再生の取り組みにおいて重要な役割を果たす．本書では，そのようなモニタリングはもちろんのこと，より広く，生物多様性にかかわるモニタリングおよび評価一般を「生物多様性モニタリング」として取り上げる．

社会的目標としての生物多様性

　日本の社会のなかでもようやく市民権を得つつある「生物多様性」は，たんなる生物学用語ではない．それは，私たち人間と自然との間の本来は豊かな，そしてダイナミックで複雑な関係の現状を見直し，将来のよりよい関係を築くために欠かすことのできない社会的なキーワードである．

　生物多様性という言葉は，1992年にブラジルのリオデジャネイロで開かれた地球サミットで，「気候変動枠組み条約」とともに採択された「生物多様性条約」を中心に展開している地球環境保全の取り組みと関連させてその意義を理解すべきものである．

　この条約がめざすところは，「生物多様性の保全」と「その持続可能な利用」，そして利用から生じる「利益の公平な配分」である．「条約」では，生物多様性（条約では「生物の多様性」と表現）を「すべての生物（陸上生態系，海洋その他の水界生態系，これらが複合した生態系そのほかの生息又は生育の場のいかんを問わない）の間の変異性をいうものとし，種内の多様性，種間の多様性及び生態系の多様性を含む」と定義している．種内の多様性は，種内の地域個体群間の遺伝的な差異や個体群内の個体間の変異などの遺伝的な多様性を意味するため，遺伝子の多様性と表現されることもある．すなわち，生物多様性は，遺伝子，種，生態系という異なる生物学的階層における多様性を幅広く含む概念である．

　生物多様性，すなわち種内の多様性も種の多様性も生態系の多様性も，地球上における三十数億年の生命の歴史を通じて，地球のさまざまな場におけ

る環境が生物におよぼす淘汰圧のもとでの「自然淘汰による進化」，つまり非生物的な環境への適応に加え，生物どうしがたがいに淘汰圧をおよぼしあいながら絶え間なく相互に適応進化を重ねることによって形成されたものである．1回限りの生物進化の所産であるという意味で，文化遺産などとも共通するかけがえなさ，すなわちその「存在価値」ゆえに尊重されるべき対象でもある．しかし，条約によってとくにその維持がめざされているのは，人間生活を支える基盤としての生物多様性である．生物の多様性は，システムの安定化を含む生態系のさまざまな機能を担い，それを通じてあらゆる「生態系サービス」の源泉となっている．それゆえに，人類社会にとって蔑ろにできない生活・生産の基盤としての重要性をもっている．

生物多様性の保全とモニタリング

　生物多様性の喪失は一般的には不可逆的な変化であり，それを喪失前の状態に戻すことはむずかしい．自然再生の取り組みによって，生態系の機能の一部またはその大部分を回復させることができたとしても，いったん絶滅した種や個体群は戻ってこない．また，その喪失は，種間関係を伝わる連鎖によって重大な生態系の機能不全を招く可能性がある．すなわち，帰結としてなにがもたらされるか予測がむずかしく，ときに重大な帰結がもたらされる可能性もある．生物多様性の保全においては，取り返しのつかないことを回避するという意味で「予防的アプローチ」を重視しなければならない．

　生物多様性の保全を地域において追求する際にもっとも重要なことは，「固有性」，すなわち地域に固有な多様性を重視することである．それぞれの種がその生態的特性や歴史に応じて地理的に限られた分布を示し，その生態によく合った限定された生息・生育場所でのみ生育・生息することが，ある程度広い地理的空間における多様性の理由である．したがって，それぞれの地域における生物多様性の保全とは，ローカルな固有性の尊重，つまり，それぞれの地域に独特な生態系や生息・生育場所，動植物の種などの喪失を防ぐことである．それによって，その地域において伝統的に維持されてきた人々の生活や生産に必要な生態系のサービスが途切れることなく提供される．

　生物多様性条約では，生物多様性のための方策として，絶滅危惧種の保全，侵略的な種の影響排除，生態系の再生が重視されている．絶滅危惧種と侵略

的な種（その多くが外来種）は，保全の実践における対象であるとともに指標でもある．それらの現状および人間活動とのかかわりを把握することは，生物多様性モニタリングの主要なテーマとなる．

　生物多様性条約の締約国は，生物多様性の保全と持続可能な利用に関して生物多様性国家戦略を策定し，それにもとづいて必要な制度や政策を整備することが求められている．日本でも1995年に最初の国家戦略がつくられ，2002年にはそれが改訂されて「新・生物多様性国家戦略」が閣議決定された．その内容については後にふれるが，「生物多様性の保全と持続可能な利用」を柔らかく表現すれば，それは「自然との共生」ということになる．

順応的管理による生態系管理

　持続可能な社会を築くうえで意義の大きい「自然再生」を含む生態系管理は，計画・実践・評価のすべての段階が市民，行政，研究者などの協働によって進められることが望ましい．多様な主体の参加に加えて，生態系という複雑で予測が困難な対象を扱うため，順応的管理の手法で進めることが適切である．

　順応的管理とは，「仮説となる計画の立案-事業の実施-モニタリングによる検証-事業の改善」の繰り返しにより事業を成功に導く，円環的な，あるいは螺旋階段的なプロジェクトサイクルによる科学的管理手法である．

　順応的管理を有効に進めるためには，管理に参加する主体間での情報の共有，それにもとづく建設的で具体的な議論を十分にふまえた合意形成，また，研究者にとっても未知の部分の少なくない対象への理解を深めるための「学習」プロセスが重要である．順応的管理とは，多様な主体が「為すことによってともに学ぶ」実践であり，その過程においては，モニタリングとそれにもとづく評価の果たす役割がきわめて大きい．

市民の役割と関心の拡大

　生物多様性モニタリングに関しては，これまで，市民を中心とするNGOが大きな役割を果たしてきた．生物多様性モニタリングを実施している主体をインターネットで検索してみると，研究者や行政組織などよりも市民を主体とするNGOが圧倒的に多い．欧米では多くのNGOが強力な独自の生物

多様性モニタリングを実施して，社会的にも大きな影響を与えている．

　しかし，今日では，生物多様性の保全や自然再生をおもな目的とする活動，あるいはそれを意識した取り組みは，社会全体に広がりつつある．企業の社会貢献活動（CSR）においても，欧米では生物多様性がすでに重要なテーマとなっており，日本でも若干その兆しがみえるようになってきた．農業分野でも生物多様性を意識した取り組みが広がりつつある．そのため，生物多様性モニタリングも，従来から自然保護に関心を寄せてきた市民，NGO，行政分野にとどまらず，社会のさまざまなセクターにとっての関心事となりつつある．

生物多様性モニタリングと目的
　ここでのモニタリング（monitoring）とは，対象の振る舞いをよりよく理解し，それへの対処や管理の方法をしだいによりよいものへと改善するための監視を意味する．それは評価と一体となってはじめて意味をもつ行為であり，本書では，「モニタリング」という言葉を評価をも含むものとして用いる．

　生物多様性モニタリングには，その直接の目的に応じて，「説得や説明のためのモニタリング」「ともに学ぶためのモニタリング」「共感するためのモニタリング」などを区別することができるだろう．もちろん，これらが別々に取り組まれるというよりは，いくつかの目的に適うように実践が行われる．

　いまだ社会的な認識が低い問題に対して人々の関心を喚起するためには，第1番目の目的を重視したモニタリングを行うことが必要だろう．気候変動に関する国際的な取り組みが進展し始めたのは，IPCC（気候変動政府間科学パネル）を中心とした大規模で総合的な科学的モニタリングが大きな役割を果たした．すなわち，IPCCがその第三次報告において「いまや大幅な温暖化が起こりつつあるということには強い根拠があり，ここ数十年の温暖化の大半は，人間の活動に起因している可能性が高い」と結論したことは，社会的な意志決定を促すうえで大きな役割を果たした．

　一方，地域生態系再生のための順応的管理の場での協働では，第2，第3のモニタリングの目的がとくに重要となるだろう．また，都市での日常生活における認識の限界を越えて自然環境の現状に対する認識や理解を広げるた

めにも，第2，第3のモニタリングの役割が大きいものと考えられる．本書がおもに扱うのも第2，第3の目的を重視したモニタリングである．しかし，設計次第で，同じモニタリングの行為がこれらすべての目的に寄与するようにすることもできるだろう．

生態系の健全性とモニタリング

生物多様性の保全や自然再生のために，私たちが理解を共有すべき対象は，「人間社会を重要な要素として含む生態系」である．それは，人間とその社会関係に加えて，多様な生物とそれらの間の相互関係，それらにとっての無生物的環境要因，人間社会と生物とのさまざまな関係など，夥しい数の要素とそれらの間の関係やプロセスを含む．すなわち，きわめて複雑でダイナミックなシステムである．

科学の領域ではそのモデル化をめざしてさまざまな試みがなされている．しかし，複雑でダイナミックなシステムの全体を細部にわたるまで実体として把握することは原理的に不可能である．私たちが保全・再生のために把握しなければならないのは，まず第1にそのシステムが人間活動や生態系サービスとの関連においてどのような状態にあるか，どのような点が健全あるいは不健全なのかということである．また，その状態に大きな影響を与えている要素や関係はなにか，を明らかにする必要がある．それによって，「健全性」と人間活動との関係の概要が把握できる．保全や再生の実践現場では，実践や管理がどのような効果をもたらしているかを明らかにすることがモニタリングの中心課題となるだろう．

一般に，生態系の「健全性」とは，人間がその基本的な生活に必要とするサービス（生態系サービス）を安定的かつ持続的に提供することができる状態をいう．人間生活がどのような生態系サービスのもとになりたつかは，時代による変遷や地域による違いも大きく，歴史的，文化的な要因にも大きく影響される．現代社会においてどのような生態系サービスが要求され，またその需要に対する供給のバランスがどのようになっているかの評価は次章でくわしく扱う．健全性に関する評価や監視を適切に行うことで，生態系の適切な管理・再生計画の立案や実践が可能となる．モニタリングをなにを指標にしてどのように行うかは，自然再生の実践や事業にとって本質的な問題で

あるといえる．生物多様性とその特定の要素は，生態系の健全性評価における指標としてとくに重要であると考えられている．

モニタリングと指標

モニタリングはシステムの特徴やダイナミズムをとらえるのにもっとも適切な指標を選んで行う．複雑なシステムをどの面からとらえるかに応じて，その対象にはさまざまなものがありうる．生態系の健全性やそれとかかわる「状態」のモニタリングに関しても，状況や実践の目的に応じてさまざまな対象が想定される．それは，特定の生きもの，あるいはそれらの間の関係であったり，人間と自然の間のときには共生的，ときには拮抗的な関係であることもあるだろう．さらには，それをめぐる人と人との関係であることもありうる．本書の第6-10章に取り上げたように，人の心，意識や認識も，ときとして重要なモニタリングの対象となる．多様な対象を取り上げる必要があるのは，生物多様性の保全や自然再生が，私たちにとってきわめて多様な意義をもつ取り組みだからでもある．

科学的なモニタリングと研究者の役割

モニタリングがどのような目的で実施されるとしても，それを科学的に，すなわち，客観的なデータが得られるように進められなければその効果は小さい．必要とされるデータは，生物学・生態学的なデータであることもあれば社会学的なデータ，あるいはその両方にわたることもある．

科学的な営みとしてのモニタリングは，システムの振る舞いやダイナミズムをよりよく理解するために実施される．たんなる観察だけではなく，実験を含む調査者の能動的な働きかけが行われるのが普通である．対象が人間の場合には，そこには調査者と被調査者とのダイナミックな相互作用が生じる．

より効果的なモニタリングのための調査者の能動的な働きかけとしては，実践とモニタリングを仮説検証のための実験として位置づけたり，実際の実験と組み合わせるなどの手法がとられる．実験や繰り返しのむずかしい対象については，統計学的手段によって時空間的な変動が解析される．しかし，人の心や意識を対象とする場合は別として，より強力な推論や結論を導くことができるのは前者である．

順応的管理は管理自体を実験ととらえることにその特徴がある．システム管理の行為自体が自ずから操作実験としての性格をもっているので，その反応をあらかじめ立てておいた仮説と比較することができるようなモニタリングをデザインすることが望ましい．

モニタリングがどのような仮説の検証につながるのか，また，実践を科学的実験としての要件を満たすようにデザインするにはどのような工夫が必要なのか，そのようなことについて熟考し，提案するのはその協働プロジェクトに参加している研究者の役割である．

モニタリングの対象は，「生態系の健全性」といった抽象的なものではなく，指標として意味の大きい種の個体数やその増加率など，数量でとらえられるものであれば客観性が高い．一方で，指標として取り上げる種については，それが指標になりうるという仮説についてもモニタリングによる検証が必要だろう．いずれにしてもモニタリングの目的によく合った対象を取り上げなくては効果が薄い．

非数量的な情報の重要性

前項では，数量的な指標は客観性の高いモニタリングになると述べた．それと表面的には矛盾するが，生物多様性モニタリングにおいては，数量的な扱いができない情報がむしろ重要であることも少なくない．

生態系再生と関連したモニタリングにおいては，再生の対象のうちで指標とするのにふさわしいなんらかの生物指標，あるいは再生に寄与する人の側の行為，意識・認識，社会関係などをその対象にしなければならないだろう．これらの多くは数量的な扱いになじまないものである．また，生物多様性の衰退に伴う社会的，経済的，文化的な脅威や生態系の不健全化と深くかかわる人々の生活や社会の状況変化なども，数量的な指標だけで把握することはむずかしい．目的に応じて，数量的な指標と数字では表せない質的な情報の使い分けが求められるであろう．本書では，そのいずれを対象としたモニタリングをも幅広く取り上げた．

参考文献
Ehrlich, R. E., Harte, J., Harwell, M. A., Raven, P. H., Aagan, C., Woodwell, G.

M. *et al*. (1983) Long-term biological consequences of nuclear war. Science 222: 1293–1300.

松岡譲 (2005) 危険な気候変化のレベルと気候変動政策の長期目標. 環境研究 138：7–16.

Stem, C., Margoliuis, R., Salafsky, N. and Brown, M. (2005) Monitoring and evaluation in conservation: a review of trends and approaches. Conservation Biology 19: 295–309.

第2章
生態系の危機と生物多様性

鷲谷いづみ

環境の危機への感覚を研ぎ澄ます

　環境の危機が深まりつつある今日，現世人類 Homo sapiens は，この地球上での数十万年の生活で培われた経験を活かし，またごく最近になってめざましく発展した科学技術をじょうずに適用することで，はたして持続可能な生活を築くことができるのだろうか．いまは，その瀬戸際にあるともいえる．
　広島・長崎の悲惨な出来事から 1980 年代ぐらいまでは，核戦争が人類の存続にとってもっとも大きな脅威と思われていた．「サイエンス」誌に 1983 年に論文が公表された，核戦争が人類を含む地球の生物にもたらす長期的な影響に関する学際的な研究では，動植物の大量絶滅に加えて，Homo sapiens の人口もおそらく前史時代のレベルあるいはそれ以下に減少し，その絶滅のおそれも否定できないと結論している．現在でも核の脅威とリスクは厳然として存在するが，それとは別に，日常的にじわじわと進行した後に突如としてカタストロフィックな生態系の崩壊を生じさせるような環境の危機がもたらす脅威は，それに劣らず大きいものである．しかし，着実に深まりつつあるこちらの危機は，核がもたらす悲劇よりも人々の実感的な認識を惹起しにくい．
　現代では多くの人々は都市で暮らしている．そこは食料をはじめとし，消費するさまざまな生物資源の生産の場からは隔絶した場であり，そこでの生活では，日々利用する財やサービスを産む「資源」を取り巻く環境にまでは意識がおよびにくい．したがって，環境の危機に直接気づくことは，だれにとってもむずかしいことである．ほかの動物と同様，私たちが直接の感覚や直感で把握できる危険は，少なくともその徴が目前，あるいはごく身近なところに生起するものに限られる．日常生活のなかで，現在とくに問題となっ

ている温暖化，広域的汚染，循環不全などの生態系の不健全化に気づくことは不可能である．

　しかし，関心さえあれば，広域的に張りめぐらされ，また高度化した情報のネットワークを介して，見ず知らずの遠くの土地での出来事や地球規模の危機を認識し，離れた場所で起こっているさまざまな事象を結びつけてメカニズムの一端を理解したり，将来の危険を察知することができるのも現代である．

　生態学の研究者である私は，実感においても，科学的な営みを介した認識においても，環境の望ましくない変化にはとくに敏感である．野外研究の場では，在来生物が姿を消し外来生物が蔓延することで単純化の一途をたどる生態系の急激な変化を目の当たりにしている．また，国内，海外を問わず研究者による経験的な研究やモデルによる予測，あるいはそれらを総合した総説などの情報に日常的に接している．それらのいずれからも否応なく危機の加速度的な進行を結論せざるをえないのである．そして，この「胸騒ぎ」をできるだけ広範な方々と共有しなければならないと考える．現在進行しつつある生態系の不健全化は，私たちの直近の子孫，つまり子どもや孫の時代にさまざまな不幸な事態をもたらしかねない勢いであるからだ．

　いまほど，生態系の変化に対して感覚を研ぎ澄まし，また，科学の力を借りて現状をつぶさに見据える必要のあるときはないだろう．生態系の変化を見守るため，生物多様性，つまりその地域の自然を古くから特徴づけてきた「在来の生物のにぎわい」に注目することはとくに有効であると思われる．実際になにに注目するか，またどのような実践につなげるかについては，さまざまな選択肢がありうる．そのことを次章以降に取り上げる前に，地球規模の生態系の現状評価，生態系モニタリングともいうべき国連のミレニアム生態系評価の報告にもとづいて，危機の全体像を概観してみよう．

ミレニアム生態系評価とは

　ミレニアム生態系評価とは，国連のイニシアチブの下，世界資源研究所，国連開発計画，国連環境計画，世界銀行などの国際機関，世界の95ヵ国の国々が参加し，1360名の専門家によって実施された大規模な生態系の科学的なアセスメントである．

20世紀の後半以降，急速に進行する地球規模，地域規模での生態系の変化が，人間の生活と幸福（well-being，以下，人間の幸せと表現）にどのような影響をもたらしているのか，また今後もたらすのか，それを具体的に明らかにすることをめざしたこのアセスメントでは，実行可能な政策の選択肢のなかから，適切な政策や有効な組合せを選択するために必要な情報を提供することが試みられた．国際的には，気候変動枠組み条約，生物多様性条約，ラムサール条約などの環境関連条約が効果的に運用され，それぞれの地域においては，各国政府，NGO，企業，一般市民などが環境保全に向けた適切な行動を選択することができるように，生態系の変化が人間の幸せにもたらす影響を具体的に明らかにし，現在および近未来における政策の選択が社会にもたらす帰結を予見できるようにすることが必要である．

　そのため，このアセスメントでは，「生態系サービス」およびそれらサービスと人間の幸せとの関連が評価の中心におかれた．生態系サービスとは，生態系がその機能を通じて人間に提供するサービスを幅広く表す言葉である．後に紹介するように，それらサービスと人間の幸せの諸条件との関係の分析のうえに全体の評価がなりたっている．

　評価対象とした生態系の規模は，地域（流域，国家），広域（region）および地球規模である．アセスメントは4つのワーキンググループにより，統計や文献などにもとづいて行われた．そのうちの1つ，「条件と傾向」ワーキンググループは，2000年の時点での生態系の現状，変化およびその要因，生態系サービスおよびそれと関連する人間の幸福の条件に関する知見を収集して現状を評価した．とくに，生態系サービスについて，広範なレビューを行っている．「シナリオ」グループは，変化要因，生態系，生態系サービス，人間の幸せの条件において50年先までの近未来に想定される変化のシナリオをつくり，選択する政策の違いに応じて生態系サービスや幸福の条件に生じる差異を描き出した．「レスポンス」グループは，生態系サービスの管理に用いられる各種対応オプションの利点，欠点を精査した．また，「サブグローバルアセスメント」グループは，いくつかの地域における独自の評価（サブグローバルアセスメント）を実施した．

　2005年に評価の概要を紹介した理事会声明ほか，いくつかの報告書が公表されている．ここでは，生物多様性モニタリングの視点から，とくに重要

と思われる評価の結果や結論を選んでその概要を紹介してみよう．

生態系サービスと幸福の条件

　この生態系評価では，生態系サービス（ecosystem services）がアセスメントの中心におかれているいることはすでに述べた．それは，人間の生活と幸せ（human well-being）の視点からみた生態系の機能であり，生態系と人間社会の関係を介して，生態系から人間社会に提供される利益，すなわち「自然の恵み」である．

　生態系サービスには，生態系がその機能を通じて提供する物質的，経済的，社会的，精神的なあらゆるサービスが含まれる．それら多様な生態系サービスの充足によってそれぞれの地域での人々の豊かで幸せな生活がなりたつ．それは，私たちが生態系の変質や生物多様性の低下・喪失に無関心であるわけにはいかず，生態系と生物多様性の保全を重視しなければならない第1の理由である．重要なサービスでも，それらが過不足なく提供されているときには気づかず，失われてからそのありがたさに気づくことになる．喪失・枯渇が起こる前に総点検をし，それらのサービスが持続するように生態系の管理・再生を考えることが必要である．

　生態系サービスも「人間の幸せな暮らし（well-being）」も，いずれもが多様な要素とそれらの間の複雑な関係によって構成されている．「幸せ」を要素還元的に取り扱うことに関しては，多くの異議があるところだろう．しかし，このような統一的な科学的評価においては，分析的な取り扱いが不可欠である．ミレニアム生態系評価では，分析の前提として，生態系サービスと「幸せ」の主要な要素，およびその関係についての整理がなされた．

　人間が生態系から受ける恩恵である生態系サービスは，食料，水，材木，繊維，遺伝子資源などの「資源供給サービス」，気候，洪水，水質あるいは病気の制御といった「調節的サービス」，レクリエーション，美的な楽しみ，精神的な充足などの「文化的サービス」，そしてそれら全体を支える基盤的な機能ともいえる土壌形成，受粉，水循環，栄養循環などの「維持的サービス」に分けることができる．生物多様性はこれら生態系サービスを生み出す生態系機能の担い手であり，多様なサービス全般とかかわる健全性の指標でもある．

食料も水も維持的機能に支えられた生態系のサービスによって提供される．食べものが生態系サービスによってもたらされていることは，魚介類など，野生生物を捕獲して食べものにする場合には認識しやすいだろう．しかし，作物を人工環境の下で育てる場合でも，土と水は自然のシステムが提供するものであり，生態系サービスにまったく依存しない生産はむしろ例外である．作物を育てる水以外にも私たちの暮らしは淡水なしにはなりたたない．その供給は，自然の水循環の健全性に大きく依存する．現代の生産や生活では，さまざまな必需品を化学合成に頼って調達している．しかし，天然の素材，たとえば，紙や衣類の材料となる繊維や生薬などの需要は，現在でも相変わらず大きい．

　心身ともに満ち足りた暮らしにとっては，安全，健康，他者とのよき絆，すなわち良好な社会関係，なども欠かせない．衣食住を支える資源の供給に加えて，生態系は，安全，健康，社会関係の維持に欠かせないさまざまなサービスを提供する．たとえば，その土地本来の植生には，地滑りや津波などの災害から人々の命と暮らしを守る働きがある．沿岸部に天然のマングローブ林が残されていれば，台風や津波の被害が緩和される．しかし，現在ではエビの養殖池などとして開発されていることが多く，その地域においてかつて経験したことのないような大きな被害が生じるようになった．

　野生の動植物とふれあうとき，あるいはテレビでみただけでも，私たちの心は高揚する．「自然の世界」に対する畏敬の念は，私たちが長い時間をヒト *Homo sapiens* として自然の一員として生きてきた所以でもあるのだろう．さらに地域の文化，知識体系，宗教，社会的相互関係などが生態系に大きく依存するものであることはいうまでもない．それは生態系の文化的・審美的なサービスといえるものである．

　ここでとくに留意しなければならないのは，特定の生態系サービスを人為的な手段で強化しようとすると，ほかのサービスを損なうことになりがちだということである．どのサービスを優先するかに関する意思決定は，その生態系サービスに関して市場が成立しているか否かの影響を強く受ける．そのため，市場化されていないサービスが損なわれがちである．しかし，非市場的な利益はときとして市場化されている利益よりもずっと大きい．たとえば，森林においては，市場が形成されている材木の価値よりも，さまざまな調節

的サービスや審美的・文化的サービスがもたらす利益のほうが大きいことはよく知られている事実である．生物多様性は，市場化されていないさまざまな価値，および現在は十分には認識されていないが将来はきわめて大きな価値として認識される価値を，わずかな市場価値と引き換えに失うことがないように守るための「しくみ」として期待される．

　一般に，持続可能なかたちで管理された生態系の生み出す価値は，それを単純な植林地や農地など，市場価値のある産物を生み出す場に変えた場合に生み出される価値よりもずっと大きい．

　一方で，あるサービスを強化するにあたっての環境コストにも目を向けなければならない．また，あるタイプのサービス強化は，それが行われた場所とは離れた場所において不利益をもたらすことになりがちである．1996年に英国の農業がもたらした環境コストは，計算が容易なものだけを取り上げても26億ドルと見積もられており，それは農業収入の9%にあたる．そのコストのうちの相当の部分は，汚染というかたちで水利用の場で生じるものである．

　特定のサービスを強化することに伴って起こる生態系の健全性の喪失として，もっとも憂慮すべき事柄は，作用力に対して非線形の応答がもたらす劇的な変化である．今日では，疫病の大流行，富栄養化による湖や沿岸域での低酸素水塊の発達，乱獲の果ての漁業崩壊などに多くの例をみることができる．トロール漁業による乱獲がもたらしたニューファウンドランド東岸沖における漁業資源（タイセイヨウタラ）の崩壊は，その顕著な一例である．

数字でみた人間活動のインパクト

　ミレニアム生態系評価から得られた重大な事柄をアピールするために2005年の6月に「理事会声明」が発表されている．ここでは，おもにそれにもとづいて，ここ数十年の間の人間活動が生態系をどの程度変化させたかを数字で確認しておこう．

　1960年から2000年にかけて世界の人口は2倍化して60億人になった．その間の世界全体での経済成長は6倍である．食料生産は2.5倍，パルプと紙の生産のための木材伐採は3倍，水力発電は2倍に増加している．

　1750年以降，大気中の二酸化炭素は32%増加したが，そのうちの約60%

は1959年以降の増加分である．そして現在の大気中の二酸化炭素濃度は，過去42万年における変動からみて並はずれて高い値となっている．

　1950年からの30年間に森林や湿地から農地に変換された土地の面積は，1700年から1850年までの150年間に農地に変換された土地よりも広い．休耕地も含めた農地は，すでに陸地面積の4分の1を占めるまでになっている．

　人間が利用する水，すなわち，農業での灌漑や家庭用，工業用に河川や湖沼から取水される水は1960年から2000年にかけて2倍に増加した．世界中で多くのダムが建設され，ダムに貯められている水は，河川の自然の水量の3-6倍までになっている．また，地域によっては，地表を流れるすべての水の40-50%までを人間が利用している．水利用の70%は農業における利用である．

　1960年以降，自然のプロセスによる窒素固定よりも多くの窒素を人間が工業的に固定している．そのため，生物が利用可能な窒素が2倍化した．一方，1960年から1990年の間にリン肥料の使用量と農地への蓄積量はほぼ3倍になった．これらが土壌や水の富栄養化をもたらしている．

　20世紀の後半に世界のサンゴ礁の20%が失われ，さらに加えて20%の劣化が著しい．また，同じ時期にマングローブ林は35%が失われた．

　海洋漁業の対象となる魚種のうち4分の1については，すでに乱獲による資源崩壊がもたらされた．そのため1980年代まで増加していた漁獲量が，現在では急速に減少しつつある．

　これらの数字は，人間活動が生態系にきわめて大きな影響をおよぼしていることを物語っている．さらに一部の生態系サービスを強化したことが，必ずしも人々を幸せにしたとはいいきれない．むしろ，貧しい人々の不幸を拡大したとみなければならない．2001年には，1日1ドル以下の収入で生活している人は10億人にものぼると見積もられている．貧しい人々が増え，富の不平等が着実に拡大している．すでに述べたように，世界的には食料生産が拡大しており，人口の増加（2倍化）よりも穀物生産などの食料生産の増加（2.5倍化）が勝っている．それにもにもかかわらず，2002年には8億5200万人が栄養失調であり，その値は増加傾向にある．アフリカのサハラ砂漠周縁地域の子どもたちが5歳までに死亡する確率は，工業国のそれの20倍にも達する．

生態系サービスの貸借対照表

　人口の増加と生活様式の変化によって，人類による生態系サービスの需要は急速に増加している．同時に生態系の健全性が失われ，多くの生態系サービスの供給に支障が生じている．ミレニアム生態系評価では，比較的評価の容易な24の生態系サービスについて，この数十年間の供給の増減を評価した．

　その結果，24のサービスのうち，食料生産にかかわる4つのサービスだけが増加した．すなわち，食料生産は1961年から2003年にかけて穀物の生産が2.5倍になったほか，食肉の生産も増加し，全体として2倍以上増加をみた．養殖で生産される魚介類も急速に増加し，養殖が世界の魚介類生産の3分の1を占めるまでになった．一方で，これらと密接に関係して劣化したサービスが少なくないことに目を向ける必要がある．

　食料の増産のために農地や牧草地が拡大したが，それは森林や草原や湿地を開発してつくりだされたものである．この間，食料生産のために人為的に改変された土地の面積増加は著しく，今日では陸上の全土地面積の25%を超えている．このような土地改変は，食料生産サービスを増加させたものの，さまざまなほかのサービスの低下をもたらした．さらに生産拡大のための肥料の多投入は，河川，湖沼，海域の富栄養化を招いて水質の著しい悪化をもたらしている．もっとも深刻なものは，過剰な窒素がもたらす非線形的な生態系応答としてのカタストロフィック・シフトであり，大型植物の消失と藻類の異常繁殖による水質の著しい悪化を特徴とする．

　15のサービスについては顕著に減少している．減少したサービスのうち，食料供給にかかわるものとしては，海洋における漁獲量の低下をあげることができる．世界の魚類の水揚げ量は1980年代をピークとして，それ以降は低下の一途をたどっている．タンパク質源として魚の需要は今後ますます大きくなっていくと予想されるにもかかわらず，漁獲量は減少を続けている．多くの海域において，漁獲量は近代的な漁業導入以前の10分の1にまで低下している．漁業資源の減少は貧しい地域から貴重なタンパク質源を奪う結果となった．

　湿地の消失と汚染は，清浄な水を供給する機能を低下させ，人間の健康や漁業に悪影響を与えている．大規模な森林など植被の消失によって降水量が

減少している地域もある．種子植物の繁殖に必要な花粉媒介者となる昆虫や鳥などの減少による受粉サービスといった基盤的サービスの低下は，連鎖的にさまざまなサービスに影響を与えつつある．森林や湿地の消失は，自然の遊水地機能を失わせ，洪水などの災害の危険を増加させる．

生物多様性と「公平な」生態系管理

　現在では，分類群を問わず，多くの種で個体群が縮小したり分布範囲が縮小している．それぞれの土地で生活してきた動植物のそのような衰退と侵略的な種（外来種）の生物学的侵入があいまって，異なる場所の間で生物相が似通ったものになりつつある．すなわち，地球上における種の分布は均一化の一途をたどっている．

　人間活動に起因する種の減少の加速も著しく，この100年間に，種の絶滅速度は，非人為的なバックグラウンドの絶滅速度の1000倍にまで高まった．とりわけ河川，湖，湿原など，淡水生態系の種がもっとも大きな絶滅リスクにさらされている．

　種内の遺伝的な多様性も減少しつつある．野生生物の遺伝的な多様性の喪失については，十分に把握がなされているとはいえない．栽培植物におけるその減少は，品種の数の傾向によって把握できるが，その減少はきわめて著しいものとなっている．すなわち，地域の生物多様性の一部分であるとともに文化的な遺産ともいえる栽培植物の品種は，猛烈なスピードで減少しつつある．

　生物多様性にみられる変化の大部分は，食料，水，材木，繊維および燃料の需要の増加に応えるべく生態系を人為的に改変し，一部の機能を強化したことによる．より多くの土地を使い，強力な新技術を使うことで生産が拡大された．それによって，食料や水の供給が増したが，それは多様な生態系サービスの劣化という莫大なコストを伴うものであった．カタストロフィック・シフトを含む生態系の非線形的な応答による健全性の喪失が深刻化し，一部の人々にはいっそうの貧困がもたらされた．不平等と差別も拡大しつつある．

　生態系の不健全化が貧富の差をさらに拡大することに注意を向ける必要がある．すでに述べたが，2001年には10億人が1日1ドル以下の収入で生活

している．そのおよそ70％が非都市域に住み，農業，牧畜，狩猟で生活をしている人々だ．水不足に悩まされている人々も10-20億人にのぼる．乾燥地域には人類の人口のおよそ3分の1が生活しているにもかかわらず，そこで利用できる水は地球上のすべての利用可能な水の8％にすぎない．伝統的な社会での女性の役割により，生態系サービスの劣化の犠牲になるのはおもに女性である．

　生物多様性報告書では，過去50年間の人間活動は，生物多様性に大規模で不可逆的な人為的変化と生態系サービスの深刻な低下をもたらし，一部の地域や人々にはそれがおもな原因となって厳しい貧困化を招いたと結論している．貧困化と格差の拡大には，生態系管理のあり方の変化が大きくかかわっている．すなわち，かつては共通財だったものが私有されるという方向への変化が起こったからである．

　生態系サービスの利用をめぐってはさまざまなグループの利害が対立し，市場化されたサービスだけが強化され，多様な価値や潜在的な価値が損なわれがちである．生物多様性は，多様な生態系サービスの持続性を保障し，より公平な利用を実現するための現代の「神々」としての役割を担っているといえるだろう．

参考文献

MA http://www.millenniumassessment.org/en/index.aspx
理事会声明英語版 http://www.millenniumassessment.org//proxy/document.429.aspx
鷲谷いづみ（2003）『生態系を蘇らせる』，日本放送出版協会，東京．
鷲谷いづみ（2004）『自然再生――持続可能な生態系のために』，中央公論新社，東京．
鷲谷いづみ（2006）国連ミレニアム生態系評価を読む（前編）．科学 76 (11): 1090-1100．
鷲谷いづみ（2007）国連ミレニアム生態系評価を読む（後編）．科学 77（印刷中）．

第3章
地域社会の暮らしから生物多様性をはかる
人文社会科学的生物多様性モニタリングの可能性

鬼頭秀一

生物多様性と文化的多様性

「生物多様性」はそもそも自然科学の視点から語られ，議論され，検討されてきた概念であった．ウィルソンは，進化生態学の1つの思想的到達点として「生物多様性 biodiversity」を提起した．その概念のなかには「人間」の問題は入っていたとしても，それは進化のなかのヒトとしてであり，また，人間の精神的なあり方も含まれていたとしても，それは普遍的な意味での人間であったといってもよい．それゆえ，一般に生物多様性保全ということが問題にされた際には，生物多様性条約の前文における「生物の多様性が進化及び生物圏における生命保持の機構の維持のため重要である」ということと，「生物の多様性が有する内在的な価値」が中心的な問題として受け止められた．もちろん，生物多様性保全には，功利主義的価値も含まれていた．現在の市場経済下で，薬品など人間にとっての有用な物質を取り出すなど，未知の経済的な価値を生み出す潜在的可能性をもった生物を保全することの意義も論じられていた．リオデジャネイロの地球サミットで締結された生物多様性条約策定にあたっても，当初の議論は，生物多様性の保全は，人間の地域生活のレベルではなく，主として，普遍的な意味での，非経済的および経済的価値として論じられていたのである．

もちろん，生物多様性と文化的多様性を結びつける議論もなかったわけではないが，生物多様性と文化的多様性を結びつける議論の回路は一般にはわかりづらい．このことが明確に議論されるようになったのは，生物多様性条約を策定中で，当時国際的に大きな問題として提起されていた先住民族の権利の問題が話題になり，そのなかで生物多様性の利用をめぐる権利に関連して文化的な問題が提起されたことがきっかけとなった．生物多様性条約の前

文には，「伝統的な生活様式を有する多くの原住民の社会及び地域社会が生物資源に緊密にかつ伝統的に依存していること並びに生物の多様性の保全及びその構成要素の持続可能な利用に関して伝統的な知識，工夫及び慣行の利用がもたらす利益を衡平に配分することが望ましい」というような文言が挿入されている．先住民族の人たちの「伝統的生活様式」は自然とかかわる「文化」そのものでもあり，その「文化」や地域社会のあり方は，その地域の生物資源，ひいては生物多様性に依存している．文化と生物多様性は相互不可分の関係にある．それゆえに，特定の地域社会の生物多様性の保全は，そこにおいて生活をしている人たちの「文化」や「伝統」を守ることでもある．その生物多様性の構成要素である生物の「資源」を持続可能なかたちで利用することは，文化的な意味も含意することになる．伝統的な生物資源の利用は，生物多様性の保全と必ずしも矛盾するものではなく，むしろ，先住民族の人たちの利用の権利を公正なかたちで保証することが「文化」を守ることでもあり，さらには生物多様性を保全することにもなると考えられてきたのである．

　このように，私たちは先住民族の人たちの文化と権利の問題を鏡に，生物多様性が文化的価値と密接に結びついていることを明確なかたちで理解することになったのである．生物多様性は，世界中の多様な人間の営みと深い関係がある．人間の手つかずの原生自然にも貴重な生物多様性が存在することはいうまでもない．しかし，一方で，人間がなんらかのかたちでかかわってきた自然も，人間が定期的にかかわり，手を入れることが適度な攪乱となり，その攪乱によって，豊かな生物多様性が形成されている場合があることもわかってきた．人間のかかわり方や管理の仕方などは，地域によっても大きく違う．その地域独特の自然を利用する人間の営みであり，それは，まさに「文化」なのである．世界各地の先住民族の人たちの暮らしのなかに，さらにはアジアやアフリカの途上国の暮らしのなかに，生物多様性と深くかかわる文化が存在することが認識され，その結果，生物多様性という概念もその豊かさを増したことになる．

　このような生物多様性保全と文化の関係については，その後の展開のなかでも十分に整合的な理解がなされてきたわけではない．

　環境倫理学や環境思想の領域でも，人間と自然を二項対立図式でとらえる

ことは一般的であった．環境問題がはじめて世界的なうねりのなかで大きくクローズアップされた1960年代から70年代には，人間中心主義を深く反省するなかから，人間以外の生物や生態系を中心にすえて考えるべきだという，生命中心主義や生態系中心主義のような人間非中心主義的な考え方が大きく興隆した．自然保護の考え方のなかでも，最終的には人間の利益のために「保全」を唱えるのではなく，自然を自然そのもののために「保存」することが提起された．自然のなかに人間の効用を離れた「内在的な価値」が存在しているということが，その根拠として議論されてきた．この考え方を極端に外挿していくと人間の営みは生物多様性と矛盾することになり，可能な限り排除し隔離することが必要になってくる．アメリカから始まり，世界的に適用されていった，ナショナルパークや野生生物の保護区の考え方の核には，人間の営みを排除し，隔離していくことが，あるべき自然を守るために必要であるという基本的な認識があった．アメリカ流の人間非中心主義的な環境倫理学や環境思想はその考え方を支え，しかも，その考え方は国際的な地球環境問題におけるグローバルスタンダードとしてとらえられていたのである．

　そのなかにあって，生物多様性保全における先住民族の人たちの文化や権利の問題の認識は，従来の人間と自然との二項対立図式を大きく変えるものであった．それにもかかわらず1990年代を通じて世界的に受け入れられていったのは，環境問題における南北問題や先住民族問題だけでなく，二次的自然に関する考え方が大きく変わってきたことにもよるし，このことは，生態系そのものに関する考え方の転換とも関連している．かつての有機体論的モデルを基調にした生態系モデルは大きく後退し，攪乱と不均一性を基調とした変動のなかにある生態系モデルが一般的になってきたことも大きい．日本でもかつては一般的にみられたような，さまざまな手入れや管理などによって人間が濃厚に自然にかかわって暮らしているようなあり方は，二次的自然を結果的に形成し，その一方で人間はその二次的自然を持続的に利用してきた．里山や里地，最近では，里海，里浜，里川などの概念さえいわれるようになったが，その領域はいずれも人間が濃厚にかかわってきた二次的な自然である．その二次的自然を維持するために手入れや管理で濃厚にかかわってきたあり方は，かつての有機体論的モデルにおいては，あるべき自然を歪曲し変形してしまう行為としてとらえられがちであったが，人間の自然への

働きかけを「攪乱」としてとらえると，その攪乱を引き起こす行為は必ずしも排除しなければならないものではなく，生物多様性の維持や保全に対して意味がある場合も少なくないことが認識されてきたのである．

　日本においても，こうした生物多様性と文化の関係に関する認識は大きく進んできた．生物多様性条約を批准することを前提に，国内法の整備，政策の統合化をしていくための国家戦略が1995年に制定され，その後2002年に改訂されて，新・生物多様性国家戦略が定められた．その間に生物多様性保全の考え方が大きく変わった．前戦略では，自然の保全と自然の利用の二分法のなかで生物多様性保全を考えている．「守るべき自然」は，どちらかといえば学術的に重要な地域生態系であり，そこから，人間の介入をいかに回避するかが眼目になっていた．そのための手法として「ゾーニング」という手法が重視され，人間の介入をいかに最小限にするのかがもくろまれる一方，自然の持続的な利用が対比させられた．

　新戦略では，生物多様性の危機的な状況として，従来型の人間の過度なインパクトによる第1の危機に加えて，第2の危機，第3の危機という考え方が導入された．第2の危機では，とくに中山間地域で顕著に散見される里山の荒廃などの人間活動の縮小を問題視している．生活スタイルの変化や里山の経済的価値の減少の結果，二次林や二次草原が放置され，耕作放棄地も拡大し，人工的整備の拡大も重なり，里地・里山生態系の質の劣化が進行し，特有の動植物が消失したことが指摘されている．いままで濃厚に自然とかかわってきた人間の営み，活動が縮小されなくなることによって，生物多様性が失われてきたことを問題視しているのである．第3の危機では，外来種の問題を扱っている．このように，第2の危機のように単純な人間と自然との二項対立図式を脱却し，人間の自然とかかわる営みを評価し，それを回復することも生物多様性保全にとって意味あるものとして，視野に入ってきた．保全の5つの理念のなかにも，従来よく指摘されてきた「生存の基盤」や「有用性」「世代を超えた安全性・効率性」に加えて，「文化の根源」が加えられ，地域の生物多様性と，それに根ざした文化の多様性は歴史的遺産であり，それらをうまく紡ぐことが地域個性化の鍵であるとされた．

　このように，日本のなかでも生物多様性と文化の問題は密接なものとして認識されるようになったのである．では，生物多様性と人間の営みとの関係

はどのような構造をもっているのだろうか．

生物多様性と人間の関係のシステム

　多くの多様な生物は，たんなる食う食われる関係だけでなく，相互にさまざまなかかわりをもちつつ，そのことによってネットワークをつくり，生物多様性に富んだ自然環境を構成している．これが狭い意味での，自然科学的な視点に限定された生物多様性である．

　一方，いままで少し述べてきたように，その多様な生物のネットワークのなかに，人間もさまざまなかたちでかかわりつつ生きてきた．農業や林業，漁業といった第一次産業の「生業」は，人間が自然との関係のなかで生計を立て，生きていくために必須の行為であり，自然とのかかわりという意味において本質的で重要な行為である．

　しかし，人間の自然との営みの関係はそれだけでなく，たとえば，山で山菜やキノコを採ったり，川や干潟などでさまざまな魚介類を捕獲・採取したりするような「マイナーサブシステンス」や子どもたちの「遊び」といった多彩な人々の営みがあった（第 10 章参照）．マイナーサブシステンスは，文化人類学者の松井健によって，「主要な生業活動の陰にありながら，それでもなおかつ脈々と受け継がれてきている，副次的ですらないような経済的意味しか与えられていない生業活動であり，たとえ消滅したとしたところで，たいした経済的影響を及ぼさないにもかかわらず，当事者によって意外なほどの情熱によって継承されてきたもの」と定義されている．農耕民の行う水田での水鳥猟のような狩猟活動，サケやアユなどの伝統漁にみられるような漁撈活動，山菜採り，キノコ採りに代表される採集活動などがそれにあたる．地域によっては，長野地方でみられる水田養魚（鯉），蜂の子採り，広くは畦での雑穀栽培や山の仕事などの複合生業的な営みまで含めて理解することもできる．また，その特質としては，伝統的でかなり長い歴史，自然との密接で直接的な関係，簡単な仕掛け（technology）と高度な技法（technique），個人差，個人の裁量の大きさ，経済的意味に還元できないような「誇り」「喜び」，身体性，遊びの要素などがあげられる．そのなかでも「遊び」の要素は，子どもの遊びとの連続的な関係性をも示唆しており，重要な点でもある．内山節による貨幣経済的な「稼ぎ」に対する，非貨幣経済的な

営みも含めた含意をもつ「仕事」という概念を結びつけて，それを「遊び仕事」と翻訳する（実際，長野県ではマイナーサブシステンス的な営みを「遊び仕事」とよんでいる）．

このように「生業」のような，狭い意味での経済的な要素が強い営みから，「遊び仕事＝マイナーサブシステンス」の営み，「遊び」のような精神的な要素が強いものまで，色合いを変えて連続線上に位置づけられる人と自然とのかかわりがある．もちろん，経済的な要素が強い生業の営みにおいてさえ，さまざまな生きものとの出会いがあり，身体（からだ）を通して感じるような深い精神的な営みもある一方で，子どもの遊びの行為のなかにも，食べものの採取など，広い意味での経済的な行為も含まれている．それゆえ，それらの「生業」から「遊び仕事」をとおして「遊び」にまで連続的に広がりのある人間の営為は，そもそも人が自然のなかで，地域社会のなかで「生きる」という行為の営みの中心にあるものであったといえる．

人が自然とかかわる多様な営みには，かつては，そこにかかわる人々の間できちんとした利用のルールがあった．また，それにかかわるさまざまな組織や制度もつくられていた．そのなかでも，日本の入会林野の管理でもよく知られている「コモンズ」と総称される共有地の管理のあり方がとくに注目されている．共有地（コモンズ）は，ハーディンの「共有地（コモンズ）の悲劇」で有名になったが，その事例のように，野放図に利用し収奪されてしまうのは，そこを利用する人たちの間に，共同体的な信頼関係を基礎とした一種の共同性などが存在しない場合であることは，現在では一般的に知られている．同じコモンズでも，日本の入会林野に代表されるような，罰則規定も含んだ厳格なシステムによって持続可能な利用を保証すべく管理されている「タイトなコモンズ」と，必ずしもそのような強固なシステムをもたない「ルースなコモンズ」がある．しかし，厳しいか緩いかは別にして，なんらかのかたちのルールがあることには変わりはない．コモンズの管理の仕方も組合のような組織をつくるなど，ルールを保証する社会的制度に裏打ちされている場合もある．

そのような社会的なしくみが，それにかかわる人たちの共同意識をかたちづくり，そのことにより，地域の自然をきちんと守り育て，管理していくことを可能にした．社会的共同性と精神的共同性がそこでかたちづくられたの

である．そして，そこでの営みをとおした共同意識が，その地域独特の自然に対して，意識的ではないにしても，からだにしみついたような価値を見出させ，自然とのふれあいが，そこでみんなが共有できる価値をかたちづくってきたともいえる．それこそがまさに，地域独自の「文化」であったといえる．地域の自然はそれぞれの地域社会の生活と密接に結びついており，自然とかかわる営みを通じてさまざまなかたちの共同性や自然とふれあう文化が形成され，それが自然の保全に寄与していたのである．それゆえ，自然科学的な狭義の生物多様性と社会的システムは連携し，それらを含めた広義の生物多様性がそこに成立していた．

広義の生物多様性の喪失と再構築

自然とかかわる多様な営みは，かつてはどこにでもあった．しかし，高度経済成長のころから，生産力と経済性優位の社会のなかで，「生業」から「遊び」にいたる多様な営みは，狭い意味での経済的産業に限定された営みに変質されていった．「遊び仕事」はやせ細り，子どもの「遊び」は衰退していった．そして，それとともに，狭い意味での経済的価値が希薄な地域の自然は，その価値も見向きもされず，管理されることなく放置され，生物多様性も失われていった．

いま，地域の生物多様性の保全を考えたとき，かつてあった経済的なものから精神的なものにいたるまでの多様な営みを再び復活し，また，ほかの新たな営みによって補っていくことが求められている．市民が農家などの地権者の人たちと協力して里山的空間などの地域の自然の管理を行い，「農」の営みを再び蘇らせたりすることは，新たな自然とのかかわりを再構築する試みであるといえる．さらに，自然観察会などの新しいかたちの自然とのふれあい活動も，地域の自然との精神的なかかわりを回復するという役割をもち，自然とのかかわり，共同性，自然とかかわる文化を，次世代に向けて守り育てていくための環境教育・学習の試みでもある．そのように，過去の自然とのかかわりの営みを深く知り，それを参考にしつつ，新たなかたちで組み換え，自然とのかかわりやふれあいの活動を再構築していくことが，いま求められている．

人間のシステムと自然のシステムの共進化

　自然科学的な限定された意味での生物多様性と人間の社会のシステムとの間に密接な関係があることを述べてきたが，このことは，往々にして誤解されるように，二次的自然のシステムが，人間の営みや社会システムによってつくりあげられていったということを意味するわけではない．これまで手つかずの原生自然の保全が主題化されて，人間のかかわりを排除した保全のあり方が強くいわれていた反動で，人間がかかわってできてきた自然が重視されるようになり，今度は，人間の一方的な改変さえも許容するような，「環境の創造」ということが強調されるようになった．しかし，人間が深くかかわってきた自然における生物多様性は，人間の自然へのかかわり，介入の仕方によって大きく左右される．けっして，人間のかかわり，介入の仕方が必ずしもそのままのかたちで許容されるわけではない．

　では，人間のシステムと自然のシステムの関係はどのように考えるのが妥当なのだろうか．人間が一歩下がったうえで自然のシステムと共存するあり方はどのように理念化されるのであろうか．たとえば，水田のような人間の農業という営みによって維持されている二次的自然を考えてみる．生産力が極度に重視された高度経済成長期以前の水田の姿は，人間の農業生産の場でありつつも，生産の対象となるイネ以外のさまざまな生物の生育・生息の場でもあった．農業生産のためにつくられた水路にあっても，水辺には在来の植生が形成され，そこに小動物やドジョウなどの魚類も生息していた．水田のなかも同じである．本書でため池の生物多様性についても本格的に論じられているが，そのため池も水路も，農業生産のための必要からつくられたものである．そこには，豊かな水辺の生態系が形成されるだけでなく，農業生産のための定期的な「管理」による攪乱が適度にあったことも相まって，生物多様性が形成されていった．それは，人間が水辺の生態系をつくりあげたのではない．人間の営みによって生じる，適度な攪乱などの営力に応じて，その生態系が自律的に形成されたともいえる．

　そのような二次的にできた水辺の生物多様性は，人間の営みにとっても意義の大きいものであった．確かに，イネの生産という，純粋に経済的な農業生産の視点からは，その水辺の生物多様性は直接的に経済的な意味があるわけではない．しかし，人間の基本的な営みは，いままで述べてきたように，

経済的な営みだけでなく，「遊び仕事」や子どもの遊びなど，より精神的な営みも含めて，はじめて意味をもつものである．もちろんのこと，人間が「遊び仕事」や子どもの遊びなどでかかわる目的で意図的につくりだした生態系ではないが，自然のシステムの論理のなかでつくりだされた生態系は，人間にとっても精神的な意味をもつものであった．

このように，人間のシステムと自然のシステムは，基本的に独立してそれぞれの独自性をもったかたちで形成され，時間的経緯のなかで相互に作用しつつ独自の進展を遂げている．人間のシステムは，自然のシステムに適応し，生産に利用し，また，精神的なかかわりの対象となり，深いかかわりをもちつつ，時間の経緯のなかで，自らに対して，自然に対して履歴を刻んできたのである．一方，自然のシステムは，人間からの適度の介入，適度の攪乱を受けて，それに対して，独自の適応をしつつ，人間の論理とは無関係に，独自の論理で展開してきたといえる．その結果，人間にとっても意味のあり，生物多様性の高い二次的自然が形成されてきた．

このような人間の自然とのかかわりのあり方は，「利用」という観点でも特異なものである．農業生産などの生業による利用は「栽培植物化あるいは家畜化＝domestication」という，生殖過程まで人間が介入する，比較的強いかたちの介入が一般的である．しかし，ここで示したような，人間のシステムが自然のシステムと共存し共生するようなシステムにおいては，domesticationまでの強い介入ではなく，人間が特定の生物を選択的に残し，それを利用したりかかわったりするような弱い介入，攪乱を起こさせるようなものが一般的である．近年，「半栽培＝semi-domestication」ということが注目を集めているが，まさに，ここでの人間の自然への介入は，semi-domesticationとよばれているものに近い．

高度経済成長期に典型的にみられるような，人間の過度な介入により生物多様性が大幅に失われる事態は，この自然のシステムと人間のシステムの共進化モデルにおいて，人間の過度の介入が，自然のシステムの独自の展開を否定し，相互的な展開がたたれてしまった例ともいえるだろう．たとえば，農薬や化学肥料の大量導入が，水田の周辺の水辺空間における多様な動物の死滅を招いたりしたこともその1つである．農業生産の追求はどの時代でも行われたが，その追求の度合いと様式が，自然のシステムが対応できない

ほどのレベルと様態に達したときに，生産の対象の生物だけは生産収量が高くなる一方で，「遊び仕事」や子どもの遊びのような非経済的で精神的なかかわりの対象となる生物たちは消滅してしまったのである．

　コンクリート三面張りの河川改修，ダムや可動堰などの構造物も，ときに同様の効果をもつ．近代までの伝統的な治水対策，河川改修においては，人間の介入の度合いと様式は，「自然を克服する」までにならず，自然のシステムは人間の介入・攪乱に対して，自然の摂理に応じて独自に展開する余地が残されていた．しかし，「自然を克服する」過度な介入が可能となった．人間生活の安全性，利便性を守るため，洪水が克服されると，水辺空間の連続的な生態系は失われた．また，人間生活に問題をもたらさない程度の攪乱までも失われた．

　生物多様性の保全ということを考えたとき，このような人間のシステムと自然のシステムの共進化のなかで，人間がどのようなかたちで自然のシステムに介入し，攪乱を行うのかを考えなければならない．「自然再生」という名の下に，過度な「創造」的人為介入や攪乱が行われ，本来なされるべき自然の再生が結果的にできなくなる可能性すらあるからだ．

　そのような問題を回避するためにも，生態系管理ですでに一般的になってきている，順応的管理（adaptive management）が重要になってくる．

科学技術の根源的不確実性と順応的管理，予防原則

　人間のシステムと自然のシステムの共進化モデルは，いわば，人間のシステムと自然のシステムを鳥瞰的にみた図式である．それゆえ，人間の営みの側からみたとき，事後的，結果的にしかそれをとらえることはできない．したがって，自然のシステムのしくみが必ずしも明らかでなく，根源的な不確実性を伴う．このような科学技術の根源的不確実性ということは，環境問題に限らず一般的に存在する問題であり，技術の分野では従来からそれに対するさまざまな対応の仕方を発展させてきた．

　現在の環境問題に関しては，この問題に対して，主として4つの方策があり，方法論が精緻化されつつある．それが，「順応的管理 adaptive management」による技術的・政策的対応，「リスクマネジメント risk management」による技術的・政策的対応，「予防原則 precautionary principle」に

よる政策原理的対応,「ローカル・ノレッジ local knowledge（生活知）の復権」という，政策的・社会的対応である．科学技術の根源的不確実性のもとで意思決定せねばならないという新しい時代の要請に応えるためには，このような技術的，政策的，社会的対応が有機的に実現されることが求められているのである．

　順応的管理と予防原則に関しては，保全生態学のなかで十分に議論されているのでここでは詳細には論じない．しかし，順応的管理における人文社会科学的な要素，アプローチの必要性については，若干の論点をあげておく．

　順応的管理に関しては，その計画の管理計画・設計に対して，多様な主体の参加，合意形成が求められている．また，その計画の最終的な評価の段階でもそれが求められている．それゆえ，その地域で，さまざまな営みにより，かかわっている人たちの「かかわり方」が重要になる．

　とくに合意形成の段階では，利害関係を固定的にとらえて，利害関係者（ステイクホルダー）の間で単純なかたちで利害を調整し，がまんし合う（あるいは，場合によっては，どちらかががまんさせられる）というスタティックな「合意形成」は，後ろ向きの利害調整でしかなく，人間の多様な可能性を勘案していないものである．人間は多面体的な存在であり，一見矛盾する存在でもある．特定の社会グループの利害に関係しているだけでなく，生活者として特定の地域のなかで生きている人間でもある．多様な利害関係者であっても，その認識は必ずしも固定的なものではない．さまざまなきっかけを契機にして変わりうるものである．同じ共同作業を通じておたがいの立場や人間性をあらためて再認識したり，その地域の過去の歴史や文化を学ぶことにより現状や未来の認識を新たにしたり，また，自然科学的な知識などの新しい知識を学ぶことにより，新たな別の地平の認識を開拓したり，人間はさまざまな可能性と可塑性をもつ．そのような人間が，おたがいに学び合い，相互変容を促すかかわりあいを経ることにより，新たな地平で，その地域の未来を見据えた，ダイナミックな合意形成をしていくことも可能なのである．それゆえ，そのような合意形成の実現には，それぞれの利害関係者が，一人の地域の生活者として，地域での暮らしや営みの過去から現在にかけての歴史的変遷，伝統的な文化，その地域社会の未来への構想をおたがいに学び，すり合わせ，相互の間で新たなかたちで構築されていく共同性のな

かで，いままでとは別の地平の上で調整し，合意していくことが欠かせない作業となる．

　その合意形成の作業は，その地域の伝統や文化を学んで，ローカル・ノレッジを共有していくことでもあり，そのような伝統的な知が，地域社会における現代的な展開をしていくための新たな道筋の模索のためにも必要とされているのである．

　さて，計画の策定や評価に関して，多様な主体が参加し，合意形成するということに加えて，実施された計画の結果のモニタリングがどのようになされるべきか，ということは，順応的管理のプロセスのなかでもきわめて重要なテーマでもある．

　このモニタリングは，通常は自然科学的な手法で行われる．しかし，自然再生のモニタリングは，自然科学の手法で行われるだけでは不十分である．生物多様性の保全の計画の遂行にあたって，自然科学的な視点から生態系や生物多様性の指標がどのように変化し，また，目標となる自然像がどの程度回復されてきたのかということが重要な視点であることは論を待たない．しかし，広義の生物多様性という視点から，人間の社会システムが実践に伴ってどのように回復し，再生し，新たな自然との関係性が生まれてきたのかということも重要なモニタリング対象でありうる．ある意味では，自然だけでなく，人間のシステムが回復し再生しない限り，当該の地域の生物多様性を保全し，再生したとはいえない．自然再生は「地域再生」にならないと成功とはいえないといわれることが多いのはこのためである．

　そのように考えると，自然再生など生物多様性のモニタリングに関しても，自然科学的モニタリングにとどまらず，人文社会科学的なモニタリングが不可欠であるということになる．そのことによって，はじめて人間のシステムと自然のシステムの共進化のプロセスにおける，人間の営みのあり方が検証され，あるべき人間のシステムと自然のシステムの共存，共生を明確にイメージすることが可能になる．

　そのような人文社会科学的なモニタリングについては後述することにして，その前にローカル・ノレッジの意味とその内容の検討をしてみたい．

ローカル・ノレッジの復権と生物多様性保全の指標

　ローカル・ノレッジの復権に関しては，ローカル・ノレッジの構造について知る必要性がある．ローカル・ノレッジには3種類のものがある．ここでは，その3種類のものを，生活知の空間的集積，時間的集積，集合的集積という3つのレベルで表現する．科学知の方法論的には系統的な「探求」によってもたらされる客観知とは異なり，主観性の高いものであるにせよ，空間的に，あるいは時間的に，また，ただ集合的に集積するだけでも，地域空間のなかで，なんらかの普遍的な意味をもつ可能性があるのである．空間的集積とは，特定の地域的な空間のなかで，その地域独特のかたちで集積されてきた生活知，ローカル・ノレッジのことである．ここでいう「地域」というのは，社会的には地域社会であり，価値的な共同性，社会的な共同性を有する社会的関係性のなかで育まれてきたものである．もちろん，「地域」は社会的なものだけではない．特定の地形や気候や風土によって規定され，水や空気のような非生物的環境に加えて，独特の植物相や動物相に彩られた特徴的な生物多様性を有した，バイオリージョナリズム（生命地域主義）でいうところの「バイオリージョン（生命地域）」も地域である．つまり，一定の自然的条件によって規定され形成されてきた空間的な構造をもつものであり，そのような空間的構造のなかで，自然に規定されつつ，価値的，社会的共同性を育みつつあるなかで集積されてきた構造の知である．時間的蓄積は，その地域のなかで，歴史的に集積されてきた，その知の厚みを意味する．それは，たんに空間的な構造のなかだけでなく，履歴をもったものとして存在している．その時間的な厚みが，その地域の生活知，ローカル・ノレッジの普遍性を形成する．最後の集合的集積は，時間的・空間的な集積がなくとも，そして，主観性という危ういレベルの知であっても，ある程度まとまりがあるかたちで集積することにより，かたちをなすべきものである．空間的な集積が，「地域性」ということに関連し，時間的な集積が，「歴史」や「文化」というものに関連しているとすると，集合的集積は，「参加」や「協働」ということに深く関係している．

　このようなかたちで3つのレベルをもった生活知，ローカル・ノレッジは，「地域性」「歴史と文化」「参加と協働」という新しいレベルの知を補うことにより，普遍的ではあるが，「現場」のなかで必ずしも十分に機能すること

ができないことも往々にしてあるような科学知を補完するものであり，科学知の根源的不確実性を補うものとして機能することが期待される．それゆえ，生態系管理において，自然科学的な知識はもちろん中心にすえなければならないが，それだけでなく，その地域に蓄積されたさまざまな伝統的な知を古文書の解析や聞き取り調査などの人文社会科学的な調査によって明らかにしていくことは重要である．他方，さまざまな意思決定過程において，また，自然科学的な調査においても，「参加」や「協働」の可能性を追求していくことの意味は大きい．

　その意味でも，人文社会科学的なアプローチで，地域に根ざした間主観的な知を明らかにすること，それを通じて人文社会科学的要因抽出と生態系動態とを統合することが求められている．その際の人文社会科学的要因抽出では，自然とかかわる人間の基本的な営み（生業，遊び仕事，遊び）を，環境社会学的・環境史的手法で，基本的データとして取得することが肝要である．その後，その人間の営みと自然環境の相互の関係を明らかにし，自然環境の問題のある状況を改善・再生していくために，人間の営みのあり方をどのように改善していくことが望ましいのかという，再生のプロセスを明らかにすることが重要であろう．その際に，そもそも自然環境を評価するために，自然的な条件だけでなく，人間の基本的な営みのあり方から，どのような軸で評価していくのが望ましいのかを示していくことが求められる．

　では，その評価軸をどのように設定し，考えていくべきであろうか．それについては，人文社会科学的モニタリングの手法と密接に関連するので，項を改めたい．

生物多様性保全の人文社会科学的モニタリング

　生物多様性の人文社会科学的モニタリングのあり方を考えたとき，手法として使うためには，定量的とはいえないまでも，定性的ななんらかの指標を示すことが必要である．そこで，その評価軸の指標として，①経済的側面（生業→産業，農業，漁業，林業などの第一次産業から，観光業なども含めて），②社会制度の側面（集落や組合の規則・慣習法，遊び仕事における採取や漁や猟などのルール），③精神的側面・社会的関係（祭事，年行事，遊び，遊び仕事）の３つの要素をあげておきたい．

この3つの側面は，同じ営みが，3つのレベルの価値，社会的位置づけをもつということを意味している．そして，その意味論的空間を明らかにし，構造化することが求められる．3つの側面を構造化してとらえ，そこから人間と自然とのかかわりの構造を定性的に示そうということである．これは，基本的に，分析の枠組みとしての構造的把握を意味する．さまざまな人間の営みを構造的に把握することにより，その多面性，多義性，経済的側面と社会制度の側面と精神的側面・社会的関係との関係，その空間的広がり，配置，相互関連を明らかにしようとするのである．

その相互関連は，自然環境そのものと深い関係にある．そして，人間の自然環境とのかかわりの歴史的変動は，自然環境それ自体の望ましい環境と，自然環境に対する望ましい価値とダイナミックに変化し，関係しているのである．それゆえ，この構造的把握の方法論により，自然環境がいかにして再生するかというあり方をみることができるし，一方で，自然環境を逆に評価する軸を提供するのである．

具体的な例としては，本書のなかで富田涼都が霞ヶ浦で調査した結果を第10章で報告しているのでそれに譲る．第10章で報告されている霞ヶ浦の調査に関しては，人文社会科学的な調査で，定性的なものである．しかも，インテンシブな聞き取り調査の常として，それぞれのデータは非常に個別的なものである．しかし，そのようなデータも，集積して，第10章の一連の図のように表現することにより，客観的に検証可能なモデル，あるいは仮説となる．モニタリングは，ただたんに評価をするだけでなく，そこにかかわる多様な主体が学んでいく過程でもある．そのような視点からすると，このような人文社会科学的なモデル化，手法を用いることは，さまざまな可能性を秘めている．それがどのような可能性なのか，また，生物多様性の保全や，自然再生のあり方になにをもたらすのかは，今後の課題である．

第6-8章では，生物多様性の保全，そのモニタリングに対して，人文社会科学的アプローチがどのような役割をするのか，さまざまな側面から検討を加えている．このような試みは，生物多様性保全や自然再生の議論にいっそうの広がりと深みを与え，地域に生きる人間として，私たちはどのように環境をとらえ，それを保全し，また再生し，そのなかでいかに生きていくべきか，といった問いにやがて明瞭な答えを与えるものと思われる．

かくして，生物多様性保全のための人文社会科学的モニタリングの手法としては，自然科学的なかたちでの定量的な議論はできないものの，定性的な議論をするために，調査内容を図表として表現し，それを比較することによって客観性を有する有効な指標になりうるのである．

　ここで指摘しておかなければならない重要な論点がある．従来は「文化」や「歴史」「価値」という人間の精神的な部分に属するものに関しては，主観的であるから，なかなか客観的に把握できないと考えられた．近年は，CVMのような手法を使って，経済学者もその問題を客観的にとらえようと努力を重ねている．しかし，本章で述べてきた人文社会科学的モニタリングの手法は，経済学で試みられているやり方とは対極にある．そもそも，定量的なかたちの客観性を，「価値」ということの特質を根拠として原理的なかたちで追求することをめざしていない．だからといって，主観的な価値はそのままでは比較考量することはできない．本章のアプローチで注目しているのは，「文化」や「価値」の具体的なかたちとしての人間の行為である．そもそも，人間の「文化」や「歴史」「価値」として扱われてきたものは，究極的には人間の自然に対する関係性のなかにおける営みの形式である．それは，直接的なかたちでの人間と人間との関係性にかかわる営みと，自然に向き合うことにより，その地域の人間どうしの間に存在している関係性にかかわる営みと2種類ある．いずれにしても，自然と直接的であるか間接的であるかは別にして，それは関係性の形式であり，それが人間の基本的な営み，営為，行為なのである．「文化」や「歴史」「価値」というものは，具体的な人間の行為でもって表現される．行為で表現されれば，それは，客観的なかたちでとらえられる．環境社会学的な調査，環境史的な探索のなかでとらえようとしているのは，この行為の次元のレベルである．

　そうした行為のなかで，従来十分に議論されてこなかったが，生物多様性の保全の人文社会科学的モニタリングにとってもっとも重要なものは，マイナーサブシステンス（遊び仕事）である．この遊び仕事は，人間の経済行為としての「生業」と，精神的な行為としての「遊び」を結び，それを一直線上にとらえることにより，人間の営みの行為というものを，経済的，社会的なレベルに限定されていたところから解放した．そして，人間の精神的営為も，このような遊び仕事や遊びという営為によって，しかも，構造的にとら

えられるようになった．

　こうした営為を行為のレベルで分析し，より精緻なかたちで指標化していくことが今後の課題であり，この指標化は，政策的な評価にも十分に耐えられるまでに検討されることが求められている．

参考文献

クリフォード・ギアーツ（梶原景昭ほか，訳）(1991)『ローカル・ノレッジ』，岩波書店，東京．
堂本暁子 (1995)『生物多様性――生命の豊かさを育むもの』，岩波書店，東京．
井上真・宮内泰介編 (2001)『コモンズの社会学――森・川・海の資源共同管理を考える』，新曜社，東京．
鬼頭秀一 (1996)『自然保護を問いなおす――環境倫理とネットワーク』，筑摩書房，東京．
松井健 (1997)『自然の文化人類学』，東京大学出版会，東京．
篠原徹編 (1998)『民俗の技術』，朝倉書店，東京．
篠原徹 (2005)『自然を生きる技術――暮らしの民俗自然誌』，吉川弘文館，東京．
内山節 (1988)『自然と人間の哲学』，岩波書店，東京．
鷲谷いづみ (2001)『生態系を蘇らせる』，日本放送出版協会，東京．
鷲谷いづみ・矢原徹一 (1996)『保全生態学入門――遺伝子から景観まで』，文一総合出版，東京．
ウィルソン，E.O.（大貫昌子・牧野俊一，訳）(1995)『生命の多様性 I, II』，岩波書店，東京．

第4章
市民モニタリングの大きな可能性

鷲谷いづみ

　第2章でその結果の一部を紹介したミレニアム生態系評価のような全地球的網羅的なモニタリングの重要性はいうまでもないが，人々がその生活域で生物多様性をテーマとし，あるいは意識しながら生態系のモニタリングを行い，それにもとづいて地域社会に保全や再生の提案をし，また実践を牽引していくことの意義はそれに劣らずに大きいものである．

　モニタリングは目前の生態系管理をめぐる軋轢や問題を解決するための重要な手段としても大きな役割を果たす．しかし，それだけにとどまらない．第1章の冒頭で述べたような，日常的な認識の限界を超え，また，消費者として，あるいは生産者として市場に強く支配された狭い世界観から解放され，社会や生態系をくもりのない目で見渡すことができるようになることは，だれにとっても心がはればれとする楽しいことである．協働の輪の広がりから日常の世界が広がることもモニタリングを始めた人たちがその虜になる理由の1つだろう．

　本書の第II部には，具体的な目的もスケールも対象も手段も異なる多様なモニタリングの実例が紹介されている．いずれも市民が主役となって進めているものである．それらの例からは，生物多様性モニタリングにかかわる市民のさまざまな想い，願い，意志，工夫と知恵などを学ぶことができるだろう．本章では，さらに幅広く生物多様性モニタリングの多様性と可能性を伝えるために，世界的に著名な例を含め，性格の異なる市民モニタリング数例を紹介する．

命の水を守る市民モニタリング——メキシコから
　最初に紹介するのは，国際的に注目されているメキシコのNGOシェラ・

ゴルダ・エコロジカルグループの市民モニタリングである．シエラ・ゴルダ保護区（Sierra Gonda Biosphere Reserve）は，メキシコの水工場ともよばれる生物多様性の高い雲霧林，山岳高地，山麓の乾燥した平原を含む保護区であり，メキシコにおける水循環においてきわめて重要な地域である．

メキシコ湾で蒸発した水は雲となり，乾いた平原の上を風で流されてシエラ・ゴルダの峰にぶつかって上昇気流となる．冷やされた水蒸気は水滴となり，雨や霧となって山腹を潤す．その湿った環境に発達するのが雲霧林である．そこからは幾筋もの川が流れ出し，乾いた平原のなかを通ってメキシコ湾に注ぐ．そのような重要な水源の森林が，近年では伐採や放牧で急速に失われた．貧困が森林消失をもたらしているからである．メキシコの森林の消失速度はブラジルについで世界第2位であり，保護区の周辺でも毎年100万haの森林が違法伐採によって失われている．

貴重な水資源を守るため，メキシコ政府は，そこでの農業や牧畜から撤退して保水・浄化機能を発揮する植生を保護することに寄与した土地所有者に1haあたり年に40USドルの環境支払いをする制度を設けた．2005年現在，合計184000haを対象にそのような環境支払いが行われている．そこでの支払いにおいて考慮されている「生態系サービス」とは，健全な水循環と水質の維持，洪水防止，土壌流出の防止，旱魃の緩和，帯水層の維持，豪雨時の表流水の最小化，湧水の保全などである．なお，水資源，生物多様性，気候の安定化などの生態系サービスを考慮した水源地への環境支払いは，コスタリカ，アメリカ合衆国，中国，オーストラリアなどで実施されている．

シエラ・ゴルダでこのような環境支払いが始まるにあたって，カリスマ的な市民活動家マルサ・イザベラ・ルイツォ・コルツォ（Martha Isabel Ruiz Corzo）と，彼女が夫とともにつくったNGOシエラ・ゴルダ・エコロジカルグループの役割は特筆に値するものであった．

コンサートバイオリニストであった彼女は，1980年代に快適な都市での生活を捨てて，この地域のぼろ家に家族とともに移り住んだ．夫とともにシエラ・ゴルダ・エコロジカルグループを結成して，保護区をつくる運動，エコツーリストのバードウォッチングプログラム，無臭のコンポスト用トイレづくりなどの多様な活動とともに，同保護区の「水工場」としての重要性を広く人々が認識できるようなモニタリング活動を実施して，上記の環境直接

支払いを実現させた．1997年にこの地域が国連援助保護地区に指定された際，彼女はその管理責任者に指名されている．

　森が清浄な水を育んでいることを私たちは直感的に知っている．しかし，納税者にそのことを科学的に説明することが重要である．

　さらに，環境支払いが政策として実現してからは，それを実効性のあるものとするため，農民たちに環境支払いプログラムへの参加を説得するとともに，踏査によって農民たちが約束を遵守しているかを監視している．牛や羊を森から追い出したかどうかは衛星画像だけでは把握できないからである．

　水利用企業にも基金への出資を要請したが，その説得にあたって，彼女は世界中からかかわりのある取り組みについての科学的データを集めた．また，雲霧林，カシ林，熱帯雨林，マツ林などの環境の違いを考慮しながら12のモニタリングサイトを設定し，近隣の大学の科学者に依頼して水量，水質，土質などを定期的に測定している．専門家を巻き込んだ「説得のためのモニタリング」に支えられたこの市民グループの活動によって，流域の環境保全に重要な役割を果たすこの環境支払いのプログラムが実行可能なものとなったのである．

サクラソウをめぐる市民モニタリング

　私が主宰する保全生態学研究室では，その前身の筑波大学の研究室の時代から，サクラソウ，カッコソウ，アサザ，カワラノギク，フジバカマなどの絶滅危惧種，および，それに悪影響を与えるオオブタクサ，ネズミムギ，シナダレスズメガヤなどの外来種の生態を研究してきた．絶滅危惧種の残された重要な自生地では，継続的なモニタリングを続けている．それはおもに生態学あるいは集団遺伝学の手法によるモニタリングであり，各地のサクラソウ自生地，霞ヶ浦，鬼怒川などがフィールドとなっている．

　モニタリングの手段がある程度確立している個体群や生態系のレベルでの調査に加えて，種内の多様性をどのようにモニタリングするか，その手法の開発は重要な研究テーマであり，これまでの研究成果は『サクラソウの分子遺伝生態学』や『サクラソウの目』などの書籍にまとめた．

　これら一連のモニタリングは，保全生態学の自然科学的な側面を発展させるための研究の一環として行われたものである．しかし，保全生態学が生物

多様性の保全という社会的な目標に寄与するためには，それだけでは不十分であり，社会とさまざまなかかわりをもつ必要がある．

　たとえば，モニタリングにおいて危険の兆候を認めたときには，行政や市民にその情報を伝えて保全や再生に向けた協働を提案し，またその取り組みを支えるためのモニタリングを続けることが必要である．しかし，人間活動と生態系の間の関係を見直し，再編のための提案を続けることも重要である．怒濤のように生態系が不健全化していくこの時代に，それぞれの自生地で1種ごとにきめ細かい対策を立てることだけでは多くの絶滅を防ぐことはむずかしい．モデルとして取り上げた種の保全に順応的に取り組みながら，経験を蓄積することが必要不可欠である．その際，地域の方たちの自主的なモニタリングは，きわめて大きな意義をもつ．

　ここでは，絶滅危惧植物のサクラソウをめぐって，各地で市民の方たちが取り組んでいるモニタリングのなかから特徴のある取り組みを紹介しよう．

　サクラソウの本来の生育場所は，火山活動による攪乱，すなわち火山活動に伴う森林破壊によって生じる明るい立地であると考えられる．その分布がほぼ火山の周囲に限られ，野焼きや草刈りなどによって管理されてきた草原や落葉樹林の湿った生育場所にのみ生育が認められることからの推測である．サクラソウは，400分の1の陸地面積に地球の全火山エネルギーの20分の1が集中する，地球上で火山活動がもっともさかんな場である日本列島を特徴づける植物であるといえる．日本列島にヒトが住み着いた後には，サクラソウは，伝統的な生産や日常の暮らしがもたらす植生の攪乱に依存してヒトとともに生きてきた．

　火山のまわりには草原が発達しやすく，古代から牛馬を育てる牧として利用されていた．サクラソウは葉に馬や牛が忌避する物質を含んでおり，ほかの草本植物が食べられてもサクラソウは食べ残される．競争相手の植物を牛馬が除いてくれるため，馬や牛が放牧されている草原はサクラソウにとってはまことに暮らしやすい場所である．

　かつては九州から北海道までの火山山麓の草原や落葉樹林には，サクラソウが普通にみられた．江戸時代には荒川の河川敷にも浅間山山麓と関東平野を乱流していた大きな河川システムによって結ばれた自生地があった．そこから採集されたサクラソウをもとに多くの園芸植物がつくられ，独特のサク

ラソウ園芸の文化が花開いた．野生植物としても園芸植物としても身近な植物であったサクラソウだが，現在では，自生地の開発，スギやヒノキの植林，草原や落葉樹林の管理放棄などによって著しく衰退し，絶滅危惧種となっている．商業園芸がさかんになるにつれて，外国の園芸植物が主体になった園芸の世界においてもサクラソウは見捨てられがちである．

　鳥取県西部の大山の山麓でも，拡大造林の時代に落葉樹林や草原がスギ・ヒノキの人工林に変えられ，サクラソウは生育する場を失った．数年前までは，自生地は1カ所しか残されていないと考えられていた．しかし，鳥取県の植物レッドデータブックの作成にたずさわった植物愛好家のみなさんがつくる「鳥取県西部希少野生植物保全調査研究会」(小西毅会長，当時)のメンバーが中心となり，サクラソウの開花期である春ごとに探索活動が行われた．精力的な聞き取りと踏査によって，わずかに残されたサクラソウが数カ所で発見され，研究会のメンバーと地元による手厚い保護を受けている．研究会の方たちは，みつかった自生地のサクラソウについては，独自の調査票をつくり，たいへんていねいなモニタリング調査を続けている．

　全国的な遺伝変異のあり方からみて，サクラソウはアジア大陸から朝鮮半島を経由して，中国地方・九州地方から日本列島に入ってきたものと推測される．中国地方では古い時代からたたら製鉄のため森林が切り開かれ，サクラソウの生育に適した草原や落葉樹林が広がり，おそらくかつてはあちこちの湿った春先明るい場所にサクラソウの大群落があったものと推測される．近代までは，この地方の山里で暮らす人々の傍らには，いつの時代にもサクラソウが咲いていたのではないかと推測される．

　鳥取県は，同県のレッドリストに掲載された種のなかから何種類かの種を特定希少野生動植物に指定して保全管理事業計画をつくり，保全活動に取り組むNGOを支援している．サクラソウも指定種となり，計画が策定されている．サクラソウ自生地を擁する旧日野郡のいくつかの町が日野郡希少野生植物保全等連絡協議会をつくり，保護に積極的に取り組む姿勢を示している．研究会の方たちの熱心な探索活動とモニタリングに支えられ，この地域では全国に先駆けた絶滅危惧植物の保全・再生の取り組みが進展している．日本列島にもっとも古くからサクラソウが生育していた場所の1つと考えられるこの土地のサクラソウは，しばらく前までは絶滅寸前ともいえる状態であっ

た．けれどもいまは心優しい人たちの協力の輪に守られ，確実に次世代に引き継がれようとしている．車に寝泊まりしながら調査活動や自生地の管理活動を続けている研究会メンバーの熱意が，サクラソウの自生地をつぎつぎに蘇らせているともいえる．

　特徴あるサクラソウの保全活動をしている団体はほかにもいくつかある．そのなかで，軽井沢のサクラソウ会議は，多面的な活動によって，リゾート開発で大幅に失われた軽井沢の草原・湿原の植物の保全活動に熱心に取り組んでいる．軽井沢はサクラソウの自生地がまだ各所に残されており，その遺伝的な多様性も高い．サクラソウやそのほかの草原植物の調査のほか，2005年の春には，植物と人との関係性に焦点をあてたモニタリングの成果ともいえる出版物『もう一度見たい！　軽井沢の草原・湿原』を出版した．それを読むと，鳥取でサクラソウの探索活動を続けている市民とも共通する，数十年間で急激に失われたなつかしい自然への熱い想いが伝わってくる．なかには，80年前からの植物との思い出を綴った文章も含まれており，胸を打つ．このような創意に満ちた市民の保全・再生活動は，独自のモニタリングに支えられて各地で着実に発展しつつあるようだ．

モニタリングと植生管理

　ヒメアマナ，マイズルテンナンショウ，フジバカマ，チョウジソウ，ハナムグラなど，いまでも多くの絶滅危惧植物が残されている小貝川では，「水海道自然友の会」が，植生および絶滅危惧種のモニタリングにもとづく，絶滅危惧植物の集中する河畔林の保全活動を数十年にわたって続けている．十数年前からは，毎年，野焼きによる植生管理を保全生態学の研究者グループとともに実施している．現在では，その野焼きは，東京大学21世紀COE生物多様性生態系再生拠点の西廣淳助手を中心とする教育活動にも活用されている．「水海道自然友の会」の長期的な保全活動がなかったら，いまでも水海道の小貝川河川敷に絶滅危惧種が集中的に残されているということはなかっただろう．

　このように各地でのモニタリングを伴う地道な息の長い保全活動が，生物多様性や生態系の保全・再生に重要な役割を果たしている．現在でも絶滅危惧種が残されている場所は，だれかがなんらかのかたちでの「モニタリン

グ」を続け，見守っている場であるといえるだろう．

花粉症から生物多様性へ──質の高いモニタリング活動

生物多様性の調査を市民自らが担っている例として，江戸川下流域で活動をしている「イネ科花粉症を学習するグループ」をあげることができる．私がこの会を知るきっかけとなったのは，この会の前身の活動グループのメンバーが，子どもたちが集団で体調不調に陥った事件を調査で解明し，その報告書を送ってくださったときである．文献調査で私の著書を利用してくださったとのことだった．そのとき以来，定期的に各種の調査報告書を送っていただいている．

さて，調査のきっかけとなった事件とは，1990年ごろ，江戸川の堤防をジョギングコースとして授業や登校時に使用していた小学生たちが集団花粉症に罹ったという事件である．目のかゆみや連続的なくしゃみ，頭痛，倦怠感，重症の場合には，くしゃみから鼻血が止まらなくなったり，白目の浮腫や皮膚の炎症で子どもたちが苦しむようになったのである．それが江戸川の堤防に蔓延するネズミホソムギを主体とする外来牧草による花粉症であるとわかったのは，母親たちが行った自主的な調査・学習活動による．原因を突き止めた母親たちは，河川を管理している建設省（現国土交通省）に花粉が飛散する季節の重点的な除草などの対策を要請した．模範的な市民調査を実施し，それを対策に結びつけた母親たちは，NGO「イネ科花粉症を学習するグループ」を組織し，現在にいたるまで精力的な調査・モニタリングとそこで得られるデータにもとづく行政への対策要請を継続している．

河川域の植物のモニタリングはもとより，近隣の水元公園における絶滅危惧植物アサザについての調査を継続的に実施し，問題をみつけたときには関係行政に働きかけをする．この地域に外来植物のミズヒマワリが侵入した際にも，最初にそれをみつけて除去活動につなげたのはこのグループである．「説得力ある」質の高いデータをもって行政に働きかけ，必要な対策を引き出すという積極性は，扱っている問題やスケールは異なるものの，まさにシエラ・ゴルダ・エコロジカルグループのそれと共通している．

ここではわずかな数例しか紹介できなかったが，このような市民によるモニタリングが多様な市民グループによって日本中で実践されている．市民モ

ニタリングの大きな可能性を感じさせる分野として，外来生物のモニタリングをあげることができる．2002年ごろから北海道で急速に増加し始めたセイヨウオオマルハナバチについては，2005年から市民モニターによるモニタリングをよびかけたところ，2006年には百数十名のモニターから2万件近くの情報および標本が寄せられた．市民モニターのみなさんは，個人として，あるいは家族，職場の仲間，地域の知り合いなどでグループをつくり，それぞれが創意工夫に満ちたモニタリング活動を楽しみながら展開している．寄せられた情報からセイヨウオオマルハナバチが北海道全体に急速に広がりつつある実態が明らかにされた．大学の研究室（この場合は東京大学保全生態学研究室）がモニタリングのプログラムの企画・運営とデータの集約・分析の任を担うかたちで進められるモニタリングは，科学と社会の対話の1つの様式でもある．インターネットという現代特有の情報伝達手段を最大限活用することで，ともに学び合い伝え合う生物多様性モニタリングは，かつてない水準と広がりをもった実践として今後大きく発展することが期待される．

参考文献

Ellison, K. and Hawn, A. (2005) Liquid assets. Conservation In Practice 6: 20-27.
イネ科花粉症を学習するグループ (1999)『イネ科花粉症と江戸川堤防』，イネ科花粉症を学習するグループ，東京．
軽井沢サクラソウ会議編 (2005)『もう一度見たい！ 軽井沢の草原・湿原』，軽井沢サクラソウ会議，長野．
鷲谷いづみ (2006)『サクラソウの目 第2版』，地人書館，東京．
鷲谷いづみ編 (2006)『サクラソウの分子遺伝生態学——エコゲノム・プロジェクトの黎明』，東京大学出版会，東京．

第 II 部
生物多様性保全と市民協働モニタリング

イラスト：鶯谷　桂

第5章 ため池の生物多様性評価

高村典子

1. 淡水域の生物受難の時代

　この50年間に，私たちを取り巻く環境はすさまじい勢いで変化している．こうした変化は，もとはといえば経済活動の変化や技術革新，そしてそれらに大きく依存して手に入れた「便利」で「安全」で「快適」で「豊か」な，生活スタイルへの変化からきたものである．局所的に生起し，加害者と被害者が特定できる公害から始まった私たちの環境の問題は，いまや，ひとりひとりの生活スタイルや考え方が，地球温暖化をはじめとして，地球上すべての生命体の運命を左右するほど大きな問題へと発展している．こうした認識がまちがっていないことは，生態系の改変が人類の福利に与える影響を評価したミレニアム・エコシステム・アセスメント（MEA 2005）でも，科学的に裏づけられた．人類は，食料・飲料水・木材・繊維・燃料の需要に応えるために，過去50年以上にわたり，歴史上これまでにないほど急速で広範に生態系を改変したことが示されている．

　生態系の改変は，必然的にそこに生きる生きものたちに影響をおよぼし，生物相やその分布を大きく変えた．そして，そのような生物の変化が，物質循環をはじめとする生態系のプロセスを大きく変えている．たとえば，わずかこの200-300年間の生物種の絶滅速度は，化石の記録から推定した過去の推定値の約1000倍と見積もられている．調査が完了した生物のグループだけをみても，絶滅に瀕している種類は，鳥類で12％，哺乳類で23％，針葉樹で25％，両生類で32％，ソテツの仲間では52％に達している．地域に特徴的な種が失われつつあること，および，人がほかの地域からもちこんだ移入種が蔓延していること，この2つがおもな原因となり，地球上の生物種の

分布が均一化してきていることが指摘されている．

　生きものの受難は，淡水域で際立って現れている．1970年から2000年の間における，森林・海洋・淡水の各生態系に生息する主要動物種の個体群数の減少傾向を評価したところ，淡水種では54％と森林種（15％）や海洋種（35％）よりも大きな減少率を示した（WWF 2003）．これは，淡水域が人間活動によるダメージをもっとも大きく受けていることを示している．

　淡水は，すべての生きものにとって必要不可欠な資源である．地球上には約14億km^3の水がある．しかし，ほとんどは海水で，淡水はたったの2.53％しかない．しかも，その99.99％は南北極の氷や地下水として存在している（UNEP）．私たち人間は，いろいろな面で，この少ない水資源にことのほか依存した生活を送っている．人間活動が大きくなれば，必然的に多量の水が必要になる．人が使いやすい水は，流水ではなく止水である．そのため，私たちは，古い時代ではため池を，20世紀に入ってからは大型ダム（堤高が15 m以上）を急激に増やしてきた（ダム便覧 2005）．天然湖沼も流出部に堰を設け，ダムのような運用をしてきた．一方で，明治・大正時代に全国で2110.6 km^2存在していた湿地は，現在，その61.1％にあたる1290 km^2が失われている（国土地理院）というデータが示すように，すぐに使える水を貯えることのない湿地をつぶしてきた．淡水の生きものたちは，このような生息域の改変に加え，化学物質（農薬など），外来種，漁獲圧，富栄養化（過栄養化），地球規模での気候変動などにもさらされながら生活しており，その存続が著しく脅かされている．

2．ため池の生物多様性とその危機

　ため池は，稲作のための灌漑用水を確保する目的で築造された，わが国特有の淡水環境である．日本には，瀬戸内と近畿地域にとくに多くのため池が分布している．農業を取り巻く状況の変化により，現在ではため池の数はかなり減ってはいるが，それでも全国に20万強はあるとされる．日本にある天然湖沼の数が，その面積が0.1 ha未満の小さいものを含めても，たかだか1000足らずであることを考えると，ため池の数は圧倒的に多いといえるだろう．これら膨大な数のため池は，わが国の多様な淡水生物の生活場所と

して重要な役割を果たしている．

日本列島は古代には秋津洲とよばれたように，トンボ相が驚くほど豊かである．日本でみられるトンボの種類数は，イギリスの53種，ヨーロッパ全域の約160種（杉村ら 1999）をはるかにしのぐ約200種にものぼり，そのうちの約80種がため池をおもな生息場所にしているといわれている（高崎 1994）．日本でもっともため池の多い県の1つである兵庫県には121種の水生植物が生育しているが，その約4分の3に相当する92種がため池に生育する（角野 1998）．さらに，その約半数の44種は河川や水路には生育せず，ため池だけに生育しているという．こうしたデータだけからみても，ため池は生物相が豊かな水域であり，かつ，独自性の高い水辺環境であると評価できる．

ところが，ため池をおもな生息場所とする約80種のトンボのなかでは，現在，その1割にあたる8種が絶滅危惧種に指定されている（環境省レッドデータ 2004）．オオセスジイトトンボ，オオモノサシトンボ，マダラナニワトンボ，ベッコウトンボが絶滅危惧I種（絶滅の危機に瀕している種）に，ベニイトトンボ，コバネアオイトトンボ，オオキトンボ，ナニワトンボが絶滅危惧II種（絶滅の危険が増大している種）に指定されている．わが国の絶滅危惧種のうち，脊椎動物のグループ（魚類，鳥類，両生類，爬虫類，哺乳類）の割合は全体の10-25%と高い値を示している．しかし，昆虫類ではそのパーセンテージは0.5%ぐらいなので，ため池のトンボの1割というこの数値は，昆虫類全体からみると際立って高いと考えられる．

1つのため池にいるトンボの種数と種構成は，ため池によってかなり違いがあるとされる（上田 1998）．いいかえると，トンボは種類によって異なったため池環境を生息地として選択している．ため池をおもな生息場所とする8種のトンボが絶滅に瀕しているということは，これらの種類が好む「ため池の環境」が，急速に失われたことを意味するだろう．

水生植物については，神戸大学角野康郎教授が兵庫県東播磨地方の数百ものため池に出現した水生植物を丹念に調べたデータがある．それによると，水生植物の種数は1980年前後から1990年のわずか約10年の間に，多くのため池で顕著に減少している（角野 1998）．さらに，1998-1999年の追加調査から，その傾向が一段と進んでいることが明らかにされた（角野 2000）．

ため池の生物多様性の保全に水生植物種がきわめて大きな役割を果たしていることは後で述べるが，このデータは，この20年足らずのわずかな期間に，水生植物種だけでなく，この地域のため池の生物多様性が著しく減少してきていることを明確に示している．

3．生物多様性の宝庫の舞台裏

　ため池は，もともとは人間が築造した人工的な池である．それが，生物相の豊かな，かつ，独自性の高い淡水環境になりえたわけを知るには，ため池築造の歴史やその環境について考えてみる必要がありそうだ．

　日本で稲作が始まったのは縄文時代後期といわれているが，ため池の築造が始まったのは，おおむね4世紀ごろと考えられている．4世紀に在位した仁徳天皇陵の周囲にある環濠は，現在も灌漑用水池として利用されている．日本書紀には河内国に依網池（よさみいけ），大和国に苅坂池（かりさかいけ）と反折池（さかおりいけ）を築造したとの記録がある．古事記にも依網池と酒折池を築造したとの記録がある．これらが，日本におけるため池築造の最古の記録とされる．4世紀末には，近畿地方のみならず，全国に800余りのため池が築造されていたらしい（谷 2004）．兵庫県でもっとも古いため池は岡大池（現在の天満大池）で，675年ごろ築造されたとされる．大規模なため池（面積138.5 ha，総貯水量1540万t，築造当時の堤高21 m）として有名な香川県の満濃池は，大宝年間（701-704年）に築造されている．

　ため池の多くは，集落や小規模な水利組織や個人などによって管理されてきた．この管理体制は，基本的に現在でも同様である．これは，公的に管理されている河川（湖沼を含む）と大きく異なる点である．そのため，すべてのため池の数，堤高，面積，貯水量，築造，改廃，改修などについて，正確に知ることはむずかしい（内田 2003）．全国のため池の概観を知る資料としては，農林省が1952-1954年度に作成したため池台帳と，農林水産省が1979年度と1989年度に作成したため池台帳がある．これら3資料についても，主たる調査対象池の受益面積が，1952-1954年度は5 ha以上のため池，1979年度は1 ha以上，1989年度は2 ha以上と異なる．そのために，ため池の現在の状況はもちろんのこと，この数十年の変化についても正確にとら

えることは困難である．なお，本章ではため池の存在形態に関するデータは，内田（2003）が整理したため池台帳の数値を用いている．

　昭和30年代（1955-1964年）というと，まだ干拓事業がさかんに行われ，水田を増やしていたころである．ため池の数も，そのころまでは耕地面積や水田面積の増加と連動して右上がりに増え続けてきたと考えられる．谷（2004）は，古代から現在にいたるため池の数の変化を，比較的規模の大きいため池（受益面積5 ha以上）だけを対象にしたデータから，大まかに類推している．それによると，ため池の築造は，江戸時代にさかんになったようで，それ以前の時代に比べてその数が飛躍的に増えている．高松藩では郡村ごとにため池の悉皆調査を行っている．1645年に1372カ所（讃岐国大日記），1686年に1953カ所（翁媼夜話），1797年に5555カ所（池泉合付符録）とその数は増加したことが，こうした資料により知ることができる（長町2004）．受益面積5 ha以上のため池の数がもっとも多いのは，記録としては1952-1954年（48956個）で，それ以後は減少に転じている．1952-1954年から1989年（34917個）の40年足らずで，14000個ものため池が減った勘定となる（1年に約350個の割合）．この減少は，おおむね耕地面積や水田面積の減少とも連動している．

　こうしたことから類推すると，1952-1954年度のため池台帳に掲載されているデータは，日本にもっともため池がたくさんあったころの状況を反映したものと考えることができそうである．当時，全国におおよそ29万個のため池があり（表5.1），それらの延受益面積は112万haであった．これは，総水田面積の36.8%にもおよぶ勘定になる．ため池は，瀬戸内と近畿に集中的に分布しているものの，50年前の日本では，ならしてみても全国の水田の約3分の1がなんらかのかたちでため池を通った水を利用していた．

　ため池は，そのほとんどが土を主材料とするアースフィルダムで，古墳時代から長い間，経験的な技術にもとづき築造されてきた．現在残るため池の築造年代の多くは不明とされているものの，約7割は江戸時代以前に，残りの約3割が明治以降に築造されたと考えられている．ほとんどのため池は，堤高が5 m未満，貯水量が5000 m³（水深1 mと仮定すると0.5 ha）未満の小規模なため池である．表5.1に示すように5000 m³以下のため池数が，1952-1954年度は全ため池の88%，1979年度は80%，1989年度は80.5%

表 5.1 貯水量別に示したため池の個数

時 期（年）	1952-1954		1979		1989	
調査対象ため池（受益面積） 貯水量	(5 ha 以上)		(1 ha 以上)		(2 ha 以上)	
	個数	比率	個数	比率	個数	比率
-5000 m³	12968	0.26	48451	0.50	27129	0.39
5000-10000 m³	10842	0.22	17515	0.18	13632	0.20
10000-30000 m³			19373	0.20	16788	0.24
(10000-100000) m³	21958	0.45				
30000-100000 m³			9255	0.09	8263	0.12
10万-100万 m³	2461	0.05	2757	0.03	2609	0.04
100万-	111	0.00	213	0.00	432	0.01
不 明	628	0.01				
計	48968		97564		68853	
5 ha 以上のため池数	48956		46124		34917	
全ため池数	289713		246158		213893	
5000 m³ 以上のため池	36000		49113		41724	
5000 m³ 以上のため池／全ため池		0.12		0.20		0.20

を占めている．

　ため池では，昔は，かいぼり，泥さらい，藻とりなどをして，池の底泥や水草を田畑の肥料として利用した．また，秋の収穫時にはコイやフナを漁獲して食べていた，という話はよく聞く．こうした行為は生態学的にみると，定期的に池に攪乱を与え池の水深を保つことで，水生植物群落の遷移が進むことを阻む効果もあっただろう．また，底泥を還元的な状態から酸化的な状態にする効果などがあったかもしれない．池から魚や水草，底泥を取り除くことは，窒素やリンの栄養塩を取り除くことになるため，意図せずして池の水質浄化にも役立っていた．

　このようにみてくると，ため池は，人がつくり利用することで維持されてきた身近で豊かな自然であるといえるだろう．ため池を生活の場としている生きものたちは，最初は水田を含む周辺の湿地から移動してきたのであろうが，百年から千数百年という年月をかけて命を繋ぎながら，しだいにため池とその周辺環境に適応し，その土地固有の生物相をかたちづくってきたと考えることができるだろう．

　日本では，「池」というと農業用ため池をさすのが一般的である．これは，ため池の数が圧倒的に多いからだろう．外国の文献では，テンポラリーポン

ドという言葉がよく使われている．イギリスの人たちは，池を「1年のうち4カ月あるいはそれ以上水をたたえ，面積が1 m² から2 ha の間の人工あるいは自然の水域」と定義している．イギリスでは，こうした水域は，20世紀の100年間にその約75％が失われ，20世紀最後の15年間でみても毎年1％ずつ，その数が減少した．しかし，この池に，イギリス全土でみられる淡水無脊椎動物約4000種の3分の2が生息していることがわかっている．さらに，このなかで絶滅危惧種に指定されているのは，池を生息場所としている種類が圧倒的に多いというデータが示されている (The Pond Conservation Trust 1999)．このように，多数の，小さく浅い，しかも，おのおのに異なる適度な攪乱がある淡水域は多様な生きものを育むことができる淡水環境である．

4. ため池の生物多様性を計る

　ため池は古代からの長い歴史のなかで，現在，大きな転換期を迎えている (内田 2003)．ため池を今後どのように維持し，管理していくのかについては答えの出ていない問題であるが，それともかかわりながら，最近は，ため池の多面的機能が見直されている．それは，昨今のため池の潰廃とそれを誘引している農業の衰退などの社会的背景から生まれたものであろう．

　内田 (2003) は，これまでのため池に関する研究をもとに，ため池のもつ多面的機能（生態系サービスともいう）を，利水機能，環境保全機能（自然環境保全機能と防災機能），親水機能と大きく3つに分類している．そのなかの自然環境保全機能としては，「地下水の涵養と水質浄化」「気候の緩和」と並んで「生態系の保全」をあげ，ため池が二次的自然として多様な生物を育む場であることを指摘している．しかし，皮肉なことに，私たちは，ため池がもつ生物多様性保全の機能を活かそう，と気づいたと同時に，ため池がその機能を失いつつある危機的な状況にあることにも気づかされた．そのため，ため池の生物多様性を科学的に評価する研究を行うと同時に，生物多様性の保全や回復をめざした再生にも着手することが急務になっている．ため池に生育あるいは生息する生きものについては，浜島ら (2001) にまとめて紹介されているが，生物群集からみたため池の評価や保全については，角野

(1998, 2000) と上田 (1998) がまとめた内容が，そのほとんどであろう．

私は，2001年から数名の共同研究者とともに，ため池密集地域で，かつ，水生植物種の多様性が急速に減少してきている兵庫県南部（神戸市，加古川市，明石市，三木市，小野市，稲美町，社町）において，ため池の生物多様性の保全に関する調査を実施している．以下に，その一端を紹介する．

（1）調査対象とする生物

ため池には，さまざまなグループの生きものが生活している．サギなどの鳥類，カメなどの爬虫類，カエルなどの両生類，コイやフナなどの魚類，ヤゴやゲンゴロウなどの水生昆虫，スジエビなどの甲殻類，貝，淡水海綿，淡水苔虫，ヨシやヒシなどの大型水生植物，そして，顕微鏡サイズでは，ワムシ，原生動物，藻類，細菌などである（浜島ら 2001）．

生物多様性の保全において，どのような種に注目して調査すべきかについては，鷲谷・矢原 (1996) に以下のように説明されている．

生態的指標種 同様の生育場所や環境条件要求性をもつ種群を代表する種．

キーストーン種 群集における生物間相互作用と多様性の要をなしている種．そのような種を失うと，生物群集や生態系が異なるものに変質してしまうと考えられる．

アンブレラ種 生育地面積要求性の大きい種．その種の生存を保障することで，おのずから多数の種の生存が確保される．生態的ピラミッドの最高位に位置する消費者がこれにあたる．

象徴種 その美しさや魅力によって世間に特定の生育場所の保護をアピールすることに役立つ種．

危急種 希少種や絶滅の危険の高い種．生育・生息のためもっとも良好な環境条件を要求する種を保護することで，多くの普通の種の生育条件が確保される．

以上のような種については，その種の保全を追究することによって，地域の生物多様性の保全そのものに貢献することが大きい．こうした考え方を参考に，私たちはトンボ群集を対象に評価を行った．トンボの種数と種構成は，ため池によって異なる．そのため，設定した調査地域に存在する，さまざま

なタイプ（環境）の複数のため池について，おのおのの池のトンボ群集がため池とその周辺環境をどのように利用しているのかを明らかにし，かつ，トンボの種類が多い池や少ない池の環境要因の違いが特定できれば，おのずと保全すべき環境がわかると考えた．さらに，トンボの成虫は殺して標本にしなくともデータがとれる．これも大きな利点である．

（2） 対象生物に適した空間スケールと環境変数の選定

私たちのおもな調査地である東播磨地域（1161.5 km^2）には，8188 のため池があるとされる（兵庫県農地整備課による 1998 年現在の数字）．これは 1 km^2 あたり平均 7 個のため池が存在することになる．私たちは，おおむね東西に約 20 km，南北に 30 km の範囲内に位置する 35 池を調査対象に選んだ．調査池は，この地域のため池の特徴が反映されるように選定した．つまり，里山地域，田園地域，市街地域のそれぞれに調査池が満遍なく配置されるように，さらに，おのおのの地域について，植生がまったくない池，抽水植物群落が発達する池，浮葉植物群落が発達する池，と異なった植生の池が満遍なく含まれるようした．

ため池のトンボがどれぐらい移動するものなのかについては，数種のトンボで推定され，移動距離が 1 km 程度との報告がある（守山 1993; 守山・飯島 1989）．他方，ある種のトンボは海を渡るともいわれ，1 km をはるかに超える移動距離をもつものと推測される．これらを参考に，それぞれの調査ため池の周囲から半径 10 km ぐらいまでの土地被覆を測定することとした．

トンボ成虫の生息に適した池を，高崎（1994）は「成虫の生息場所となる林をひかえ，日あたりよく，水草，周囲の草本，灌木も豊富な遠浅の池」と表現している．そこで，ため池周辺の樹林，草地，水田，水域などの土地被覆，ため池のなかの抽水・浮葉・沈水といった生活形の異なる水生植物の種類と被度，池の日あたり，池の形状などを定量化することとした．これらは，既存の植生地図，ヘリコプターから撮影した空中写真，2500 分の 1 の土地利用地図から定量化した．幼虫の生息にかかわる環境変数としては，成虫で測定する環境変数に加え，富栄養化（全窒素量，全リン量）や池の生産性（クロロフィル a 量）を指標する水質項目，底層の溶存酸素濃度や pH，捕

食者(コイ,オオクチバス,ブルーギル,アメリカザリガニ)の個体数を現地調査により数値化した.農薬の有無や冬の池干しなどの情報は,農家への聞き取りから点数化した.

5. 多様な生物を育むため池とはどのようなため池か

　図5.1は,トンボの種類がもっとも多かった池ベスト3(写真左列),少なかった池ワースト3(写真右列),そして,市街地に囲まれているにもかかわらず,比較的種類が多かった池3つ(写真中央列)の夏の空中写真(撮影:スカイマップ)を示した.ベスト3の池では,1年を通じて29-30種のトンボ種が観察されたが,ワースト3の池では6種にとどまった.ベスト3の池とワースト3の池を写真で比較してわかるように,前者は池の近くに里山があり,さらに池のなかに水生植物群落があるのがわかる.それにひきかえ,後者は池に植生がまったくなく,池の周囲はコンクリート護岸で囲まれ

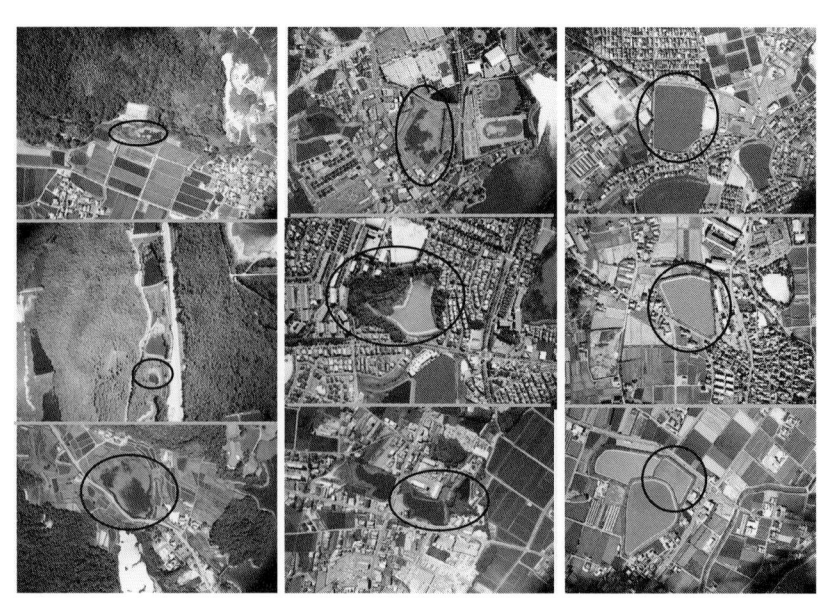

図5.1 左:出現するトンボの種数がもっとも多いため池の景観,右:出現するトンボの種数がもっとも少ないため池の景観,中央:市街地にもかかわらず,出現するトンボの種数が比較的多いため池の景観.

ている．水の色が緑なのはアオコが発生していたからである．写真中央の3池は，ため池周辺の土地被覆の特徴がワースト3の池と大差がないにもかかわらず，14-19種のトンボが出現している．両者の違いは，池周辺に樹木があり，かつ，池内に水生植物群落がある点だと考えられる．この地域では，たとえ市街地のため池であっても，池の植生と池周辺の樹木などに配慮することで，池でみられるトンボの種類が回復する可能性があることを示している．成虫個体数がもっとも多い池では，1年間に754匹もの個体が観察された．一方，少ない池では1年間に観察された個体総数は10個体以下という貧弱なものであった．

ため池のトンボの種数は，測定した環境変数のなかから，おたがいに相関が低い，つぎの4変数の重回帰式として表すことができた．それによって全変動の81%が説明できた．すなわち，「ため池周囲から半径200 mの森林面積」「池の水生植物種数」「コンクリート護岸をしていない草が茂っている堰堤の長さ」は正の相関があり，「水中の窒素濃度」とは負の相関があった．この4変数のなかでは，トンボの種数は池の水生植物種数ともっとも高い相関を示し，これだけで全変動の53%を説明した．そのため，多様なトンボの生息場所になっているため池は，多様な水生植物種が生育している池でもあるといえる．

6. 環境要求性が強い種類の保全について

視覚に頼ってのトンボ成虫の生息地選択は，経験的に，まず，高度5-20 mから川や林などを見分けるような広域レベルから，つぎに高度0.5-5 mから幼虫の生息場所を捜すレベル，最後に高度0-0.5 mで産卵場所を選択するようなレベルというように，階層的な方法で行われているといわれている（Wildermuth 1994）．私たちの調査からも，この地域のため池のトンボ成虫が，基本的に，これと同じような生息地選択をしていると考えられる結果が得られた．

この地域に観察されたトンボ種の分布の変動をもっともよく説明するトンボの性質は，トンボ種に特異な移動性や森林要求性であることがわかった．2番目は，トンボ種の産卵場所や幼虫の生息場所であった．トンボはまず，

図 5.2　生息地を選ぶトンボの眼——その1（イラスト：後藤章）

図 5.3　生息地を選ぶトンボの眼——その2（イラスト：後藤章）

比較的広域の空間スケールで水域や林などを判別し，景観レベルの生息場所を選択している（図5.2）．つぎに，より狭いスケールで卵を産みつける場所などを選択する（図5.3）．

　最初のトンボ群集の分布傾度に対応するため池環境として，もっとも高い相関で選ばれた変数は，「ため池周囲から半径200 mの森林面積」と「ため池周囲から半径10 mの草地面積」であった．わかりやすくいうと，森林要求性が高く，あまり移動しないトンボ種は，周辺数百mにある程度の面積の森林があるため池にいる．一方で，移動性が高く，森林要求性の低い種類は，日あたりのよい開けた水田地帯で，堰堤一杯に草が生い茂っているような池を選んでいることが示された．2番目のトンボ群集の分布傾度に対応するため池環境として，もっとも高い相関で選ばれた変数は，「水生植物種数」と「抽水植物群落面積」であった．水生植物に卵を産みつけるイトトンボの仲間は，ため池の水生植物種の多い，もしくは，ヨシなどの抽水植物群落面積の広い池に分布することが示された．

　こうしたトンボ種の生息地選択の違いを考慮すると，里山地域にある植生豊かな池と田園地域にある植生と堰堤に草地があるような池は，この地域に現存するトンボ群集の生物多様性を維持していくうえできわめて重要な池であることが示唆される．たんにトンボの種数だけに着目して保全を行うと，新たな絶滅危惧種を生み出す可能性がある．

　現在の調査からは，残念ながら，すでに個体数が少なくなってしまった絶滅危惧種が好むため池の環境特性を十分に解明することはできない．絶滅危惧種については，過去の生息地を調べ，生息が記録されていたため池とその周辺環境の地形や気象条件から，その種の潜在的な生息地域を推定する作業が必要である．そして，推定された地域を保全地区と決め，そのなかで個々の池とその周辺環境の再生を考えていく必要がある．

7. ため池の生物多様性を減少させている要因

　角野（1998）は，この地域のため池の水生植物群落が消滅した原因として，ため池の埋め立て，コンクリートの張りブロックによる護岸などの改修工事，水質汚濁の進行，ソウギョの放流やアクアリウムブームで導入された外来の

水草の繁茂などをあげている．これらは，直接的に生物多様性の減少を引き起こす要因であるが，その背景にはさまざまな社会的な要因が存在している．ここでは，おのおのの要因について簡単に考察した．

（1）ため池の数の減少

すでに述べたが，1952-1954年度に29万個と記録された全国のため池総数は，1979年度は25万個，1989度年は21万個と減少速度を速めている（表5.1）．ため池数がもっとも多い兵庫県では，1970年ごろから右下がりの傾向を示し，1997年以降，その減少にますます拍車がかかっている（表5.2）．ため池密度が日本一高い香川県でも同様である（表5.3）．

ため池のほとんどは，面積が0.5 ha未満の小規模なため池である．そのため，ため池数の減少は単純には総貯水容量の減少に結びつかない．というのは，貯水量が100万m^3以上のため池数は，1952-1954年度は111個，1979年度は213個，1989年度は432個と確実に増えているからである．堤高が30 m以上のため池数でみても，同様に90個，204個，230個と増えている．内田（2003）の分析では，受益面積が5 ha以上についてのみ1952-1954年度と1979年度を比較すると，全国のため池の有効貯水量は，むしろ増加しているのである．

香川県で1985年（昭和60年）以降2000年までに消失したため池を，その貯水量別でみると，その8割が1000 t未満の小規模ため池であり，逆に，50000 t以上の大規模なため池は5カ所増加している．その結果，数は11.5%減少しているものの，総貯水量の減少は0.3%にとどまっている（四国新聞編集局 2000）．地域ごとに事情は違うであろうが，全般的には，大規模ため池の築造に伴って小規模ため池の統廃合が進んだのである．

表5.2 兵庫県におけるため池数，水田面積の変化

	ため池数	水田面積 (ha)	出典
1952-1954年	55685	97794	農林省農地局資源課（1955）
1966-1970年	55537		兵庫県農地整備課（1971）
1979年	54187	88200	農林水産省構造改善局防災課（1978）
1989年	53100	81300	農林水産省構造改善局地域計画課（1991）
1997年	44293		兵庫県農地整備課（1997）

表 5.3 香川県におけるため池数(四国新聞社調べ)

	ため池数
1970 年	18620
1985 年	16304
2000 年	14619

　生物多様性の保全にとって,「現在さかんにつくられている貯水容量の大きなため池1つ」と「それと同じ容量の複数の小さな古いため池」のどちらがよいかについては,かりにため池の歴史性の問題を無視するとしても,生態学的視点からいえば明らかに後者が優れている.貯水容量が大きくなることで,水生植物群落が生育する遠浅の水域面積が大幅に縮小され,植生に依存して生活している多様な生きものたちが生活場所を失うことになるからである.

(2) コンクリートの張りブロック

　コンクリート護岸やコンクリートの張りブロックは,水生植物群落の生育を阻害することに加えて池周辺の草地をなくすことの2点において,ため池の生物多様性を著しく減少させる要因である.私たちの調査では,トンボ幼虫がまったく採れなかった池が,35池中10池に認められたが,このうちの6つは,ため池周囲が100％コンクリートで囲まれた池であった(そのほかについては,農薬や捕食者——おもに,アメリカザリガニ,ブルーギル——が幼虫の生活に影響を与えている可能性がある).

　生きものに徹底的なダメージを与えるコンクリートの張りブロックは,ため池の改修に伴って増加したと考えられる.1989年度のため池台帳(2 ha以上の受益面積をもつため池を対象)から,ため池の改修は,主として1965年(昭和40年)以降に実施されてきたことがわかる(未実施48470,昭和20-30年代に実施2919,昭和40年以降に実施17464).老朽化したため池の改修は,高度成長期が一段落したころには大きな社会問題となっていたようで,1982年(昭和57年)に老朽ため池整備便覧(農林水産省構造改善局防災課編集協力)が発刊されている.そこには,「約25万ヶ所に及ぶ全ため池数の75%は築後100年以上を経過しており改修を必要としているもの

が約20000ヶ所にも及ぶ」「時代の要請により，老朽ため池整備について，独自の技術基準を示す必要性がある」などが発刊の動機として述べられている．このなかに，「上流斜面の保護工は，1/2貯水位から設計洪水位＋風波高までは，捨石，石張り又はコンクリートブロック張等を施すこと」「保護工の材料は，捨石が最良であるが，入手難であるため，コンクリートブロックを用いることが多い」と記されている．そのため，本便覧発刊以降には，ため池の改修工事の標準的な方法として，コンクリートの張りブロックが多用されたのではないかと考えられる．

なお，土地改良事業設計指針の「ため池整備」に関しては，平成17年度にため池改修設計の考え方として，環境との調和に配慮する内容が大幅に取り入れられる予定である（谷 私信）．

(3) 水質汚濁

一般に，ため池の後背地が森林であるような谷池の水質は，飲み水としても利用できるほど良好である．聞き込み調査によると，河川などから引き水をしている市街地地区のため池では，その水質は一時期に比べ，たいへんよくなったとのことである．私たちの調査では，東播用水（昭和45年から平成4年にかけて，加古川の東にそれと並ぶように整備された大型農業用水路．おもに大川瀬ダムと呑吐ダムから水を引いている）だけを用いている平野部のため池の水質も良好であった．ところが，ため池やため池の引き水に生活排水，農業集落の処理水，畜産排水などが入るとため池の水質は確実に悪化する．また，井戸水なども場所によっては窒素を多く含むため，ため池にその水を引き入れるとアオコが発生する場合があった．稲作だけでなく葉っぱものの野菜などを栽培している専業農家では，野菜に有毒のミクロキスチンを含むアオコが付着することで商品価値の低下を危惧していた．

池や湖では，富栄養化が進むとアオコが大発生する．そのためアオコは水質悪化の象徴的な存在である．私たちが調査した35池のなかで，夏に総植物プランクトン量の50％以上がアオコ形成種（ミクロキスティスやアナベナ）で占められていたのは7池であった．この7池の夏の調査時における水中の全窒素と全リンの濃度幅は大きく，おのおの1.10-5.58 mgL^{-1}，0.05-0.64 mgL^{-1}の範囲であった．いいかえると，アオコは栄養塩がそれほど高

い濃度でなくとも発生する．全窒素・全リンともに先の水質範囲の最低値以上を示した池は，この7池以外にも12池あった．そこで，アオコが発生した7池と発生しなかった12池とで，栄養塩以外の環境を比べてみた．

アオコが大発生した7池はすべて，池周の60％以上をコンクリートで囲まれており，そのうち5池には植生がまったくなかった．一方，アオコが発生しなかった12池の多くには，水生植物群落が存在していた．

コンクリートは，それに接する水のpHをアルカリ性（pH＝8程度）にする効果がある（日本コンクリート工学協会 2002）．pHが8では水中の全炭酸のほとんどがHCO_3^-の形態で存在する．しかし，一般に水生植物が利用しやすい炭素形態は溶存CO_2の形態である．水生植物は，種類によっては炭酸脱水酵素を用いて，HCO_3^-をCO_2に変換した後に利用するが，なかにはHCO_3^-を利用することができない沈水植物種も知られている．そのため，高いpHは，多様な水生植物種の生育を阻害する要因になると考えられる．一方，アオコを形成するシアノバクテリアの数種はHCO_3^-への親和性が高いことが報告されている（Maberly and Spence 1983）．このためコンクリートの使用は，植生帯成立の基盤である底質と地形を破壊するだけでなく，水質の観点からみても多様な水生植物の生育にマイナスに働き，アオコの発生を誘引するのではないだろうか．

（4） 外来生物の導入と希少種の乱獲

私たちが調査中にため池で遭遇した外来動物は，ヌートリア（哺乳類），ミシシッピーアカミミガメ（爬虫類），ウシガエル（両生類），オオクチバス，ブルーギル，タイリクバラタナゴ，タイワンドジョウ（以上は魚類），アメリカザリガニ（甲殻類）と多岐にわたっていた．外来水草は，コカナダモ，オオフサモ（以上は沈水植物），キショウブ，チクゴスズメノヒエ，キシュウスズメノヒエ（以上は抽水植物），ミジンコウキクサ，ヒナウキクサ（以上は浮遊植物）であった．このなかで，ヌートリア，オオクチバス，ブルーギル，ウシガエルは，とくに生態系に悪影響を与える種として，2005年6月から施行されている外来生物法で特定外来生物に指定されている．

私たちの定置網調査から，魚種の分布はため池とその周辺環境とはあまり関係がなく，オオクチバスやブルーギルなどの魚食性外来魚種がいるところ

で在来種が少なくなっている傾向が認められた．また，トンボ幼虫の分布も，ブルーギルやアメリカザリガニなどの外来生物によりダメージを受けていることがわかった．したがって，ため池の在来の大型水生動物種やトンボ幼虫を保全するためには，オオクチバス，ブルーギル，アメリカザリガニの駆除が必要である．

　私たちは調査中に小規模なため池を利用して，販売するために希少魚種を飼育している業者に遭遇した．希少生物の一部は，今日では高価な値段で売買される．そして，ペットとして大量に販売されたミシシッピーアカミミガメやアクアリウムで売られている外来水草があちらこちらのため池で普通にみられる．こうした状況をみていると，ペットや観葉植物などは野外に放すことがないよう，きちんとした説明を販売時に業者に義務づけることが必要であり，さらに，売買目的での希少生物の採集は厳しく禁止し，違反した場合には罰則をも含めた法規制も必要であるだろう．

8. 消える運命にある現存の生物多様性の宝庫としてのため池

　ため池の生物多様性を減少させる要因には社会的背景がある．たとえば，兵庫県のため池密集地域の播磨地域でのため池の減少については，1966年から1997年までの間に，人口の増加，水田作付面積の減少，専業農家および農業所得を主とする第1種兼業農家の大幅な減少，第2種兼業農家の増加などが起きている．そのため，この地域では，都市化や農業の縮小，農業形態の変化が，ため池の改廃を促したと分析されている（内田 2003）．香川県では，減反や高齢化により，稲作がやりにくい山すその水田が放棄される傾向にあり，それに伴いため池が管理されなくなり，土砂に埋もれたまま放置されるなどのケースが増えているという（四国新聞編集局 2000）．内田（2004）は，ため池の水管理の根幹を担う村落共同体の脆弱化や崩壊が各地で見受けられるとしている．ため池の生物多様性の保全にも，社会的な要素を分析して取り組んでいく必要性があるようだ．

　近年，改修を行うため池に，絶滅危惧種など，希少な動植物が生育・生息することが明らかになったときは，「対象生物を近くの別のため池に避難さ

せる」というような保全策がとられるようになってきた（福田 2004; 白井・木村 2004）．しかし，豊かな生物相を示すため池を，それがそのまま維持されるように積極的に保全していこうという方策はなかなかとられない．これは，親水空間やアメニティを重視したため池の整備事業が行政により積極的に進められている（森井 2004; 原田 2004）のとは対照的である．

　私は，ため池の生物とその環境の調査を行う一方で，調査池を管理されている農家に聞き取りを行った．一部は，ため池の水の経路や管理方法，灌漑している水田面積などを知るために必要な調査であったが，その過程で，生物相が豊かなため池のなかに，灌漑用水としての利用が少ないため池が，より多く含まれることに気づかされた．この傾向は里山地域の谷池より田園地帯平野部にある皿池で顕著であった．老朽化したため池の改修費用は，総額の 10-30% は農家の負担ということである．かりに，改修費用が 1000 万円かかるとすれば，100 万-300 万円を水利組合など（ため池利用者）で負担せねばならない．このため，農業所得が高いため池，いいかえると農業に積極的に活用されているため池ほど改修され，結果的に，生物多様性の低いため池となっている．

　私が，この地域の生物多様性の維持にとってきわめて重要だと判断した調査池の 1 つ（皿池）は，高齢化して後継者がいないため，灌漑する水田面積はごくわずかにまで減少していた．もう 1 つの皿池は，減反で使用していない皿池であった（隣接したコンクリート張りブロックの池の水量で十分との説明を受けた）．里山地域の池の 1 つでは，新しい大規模ため池に自分たちの水利権が移行したので，調査池はつぶしたいとの意向を聞いた．また 1 つの調査池は，すでに農業用には利用されず自然観察などに用いられており，池の管理人は自治体職員だった．

　生物相が豊かな皿池は，改修などは行われておらず，結果的に多様な水生植物群落が残されており，堰堤は草地になっていることが多いという印象を強く受けた．そのため，こうしたため池は，放っておくと失われるのではないかと危惧している．日本の淡水域の生物相が格別に豊かであるのは，百年から千数百年という人間の稲作とため池の歴史とともに築き上げてきた賜物であり，それが身近な自然に対する日本人の心の豊かさの源になっていたのではないだろうか．ため池とその周辺環境の生物多様性は，手を尽くして再

生をしても数年程度では蘇らない．いま，高い生物多様性を維持しているため池は地域の大切な資源として位置づけ，そして保全のためになんらかの手を講じることを提案したい．すでに，兵庫県水辺ネットワーク（http://mizubenetwork.cool.ne.jp/）など，専門的な知識をもった人の指導の下に，市民が身近な生きものとのふれあいを楽しみながら，水辺の生物をモニタリングしていくという活動がなされている．このような参加型モニタリングを通して学び合い，交流を深めることで，自然環境と地域社会の再生が進むことが，今後ますます期待される．

　兵庫県ため池の生物多様性保全のための調査は，神戸大学角野康郎教授，神戸市教育委員会青木典司さん，兵庫県人と自然の博物館三橋弘宗さんと田中哲夫さん，地域生態系保全村上俊明さん，前東京大学教授田渕俊雄先生，茨城大学黒田久雄助教授，国立環境研究所中川惠さんと加藤秀男さんらの協力を得て行ったものである．調査池の農家の方には聞き取り調査をさせていただいた．これらの方々に記して謝意を表する．

参考文献

ダム便覧 http://www.soc.nii.ac.jp/jdf/Dambinran/binran/TopIndex.html
福田稔（2004）新たなため池文化を創る．緑の読本 70：68-71．
浜島繁隆・土山ふみ・近藤繁生・益田芳樹（2001）『ため池の自然——生き物たちと風景』，信山社サイテック，東京．
原田弘之（2004）地域でため池を使いこなす——オアシス構想をめぐって．緑の読本 70：42-46．
角野康郎（1998）ため池の植物群落——その成り立ちと保全．江崎保男・田中哲夫編『水辺環境の保全——生物群集の視点から』，朝倉書店，東京，1-16．
角野康郎（2000）ため池における生物多様性の保全——植物を中心に．宇田川武俊編『農山漁村と生物多様性』，家の光協会，東京，206-222．
環境省レッドデータ http://www.biodic.go.jp/rdb/rdb-f.html
国土地理院 http://www1.gsi.go.jp/
Maberly, S. C. and Spence, D. H. N. (1983) Photosynthetic inorganic carbon use by freshwater plants. Journal of Ecology 71: 705-724.
MEA http://www.millenniumassessment.org/en/index.aspx
森井喜博（2004）都市と共生するため池環境づくり「オアシス構想」．緑の読本 70：62-67．
守山弘（1993）農村環境とビオトープ．農林水産省農業環境技術研究所編『農村環境とビオトープ』，養賢堂，東京，38-66．

守山弘・飯島博（1989）人為環境下における生物相の安定性．本谷勲教授退官記念事業実行委員会編『多摩川の流れ』，本谷勲教授退官記念事業実行委員会，東京，100-105．

長町博（2004）「ため池文化」を守ろう．緑の読本70：47-51．

日本コンクリート工学協会（2002）ポーラスコンクリートの設計・施工法と最近の適用例に関するシンポジウム．

農林水産省構造改善局防災課（1982）『老朽ため池整備便覧』，公共事業通信社，東京．

四国新聞編集局 http://www.shikoku-np.co.jp/feature/tuiseki/090/

白井康子・木村正英（2004）香川県のため池の現状――希少動物保護に向けた取り組み．国立環境研究所研究報告183：16-25．

杉村光俊・石田昇三・小島圭三・石田勝義・青木典司（1999）『原色日本トンボ幼虫・成虫大図鑑』，北海道大学図書刊行会，札幌．

高崎保郎（1994）トンボ．ため池の自然談話会編『ため池の自然学入門』，合同出版，東京，66-73．

谷茂（2004）ため池の歴史・農業利用．ため池シンポ（2004.11），土浦．

内田和子（2003）『日本のため池』，海青社，大津．

内田和子（2004）いま，なぜ，ため池か．緑の読本70：2-6．

上田哲行（1998）ため池のトンボ群集．江崎保男・田中哲夫編『水辺環境の保全――生物群集の視点から』，朝倉書店，東京，17-33．

UNEP http://www.unep.org/

鷲谷いづみ・矢原徹一（1996）『保全生態学入門――遺伝子から景観まで』，文一総合出版，東京．

Wildermuth, H. (1994) Habitatselektion bei Libellen. Advances in Odonatology 6: 223-257.

Williams, P., Biggs, J., Whitfield, M., Thorne, A., Bryant, S., Fox, G. and Nicolet, P. (1999) The Pond Book, Ponds Conservation Trust, Oxford.

WWF http://www.wwf.or.jp/

第6章
自然保護のための市民による「ふれあい調査」

開発法子

1. 人と自然とのよい関係「ふれあい」を守る

　自然保護というと，人と自然を切り離し，人と自然を対峙するものととらえて，自然に対し人はいっさい手を加えることなく保存すること，というイメージをもっている人が多いかもしれない．日本で自然保護が広く認知されるようになった時代は戦後の高度経済成長期であり，その開発優先の社会の流れのなかで，自然保護団体はまだまだ弱小な存在であり，尾瀬ヶ原や，白神山地，知床山地の原生林などの保護活動に代表されるような，原生的な自然環境保護に取り組むのが精一杯の状況であった．

　自然保護は Nature Conservation（自然の保全），すなわち自然の賢明な利用，持続可能な利用を意味する．これは，人間-自然系（沼田 1987）の視点にもとづくもので，保護の対象は自然だけでなく人も含めた環境，そして人と環境間の相互作用も含まれる．したがって自然保護とは，たんに客観的な対象としての自然を守ることだけをさすのではなく，人と自然が持続的に共存できる関係，人と自然のよい関係を守ることである，ともいえる．本章では，この人と自然とのよい関係を「人と自然とのふれあい」と表し，自然保護，生物多様性保全のための市民による「ふれあい調査」の意義について述べてみたい．

　人と自然との関係，これは人と自然との「かかわり」「つながり」ともいいかえることができるが，あえて「ふれあい」を用いたのは，「ふれあい」という言葉が，環境行政のなかでも，「人と自然とのよい関係」という意味を含んだものとして，認識されてきたからである．1993年に成立した環境基本法，それにもとづき1997年に施行された環境影響評価法では，身近な

自然を評価する項目として「人と自然との豊かな触れ合い」が，「生態系」とともに取り上げられた．これは，市民，NGOによる里やまや干潟の保護活動が各地で活発に行われるようになったことに加え，経済効果と効率を優先させてきたこれまでの自然破壊型の開発への反省にもとづき，市民の憩いの場，子どもの遊び場としての里やまや水辺など身近にふれあえる自然への関心が高まり，その保全の必要性が広く認識さるようになったからであろう．

　さらにさかのぼれば1987年，当時の環境庁が自然公園における望ましい利用（おもに野外レクリエーションや観光，休養，自然教育などによる利用）のあり方を検討するために設置した自然環境保全審議会自然公園部会の利用のあり方小委員会報告書のタイトルが「自然・ふれあい新時代」（環境庁自然保護局計画課 1989）であった．このときは，バブル経済期の真只中で，1987年5月には「リゾート法」（総合保養地域整備法）が制定された時期であった．余暇時間が増え，自然を求める国民の欲求の高まりにリゾートブームが乗っかり，リゾート開発による自然破壊が各地で問題となった．都会的なホテル，整備されたスキー場，ゴルフ場，テニスコート，プール，オートキャンプ場といった全国どこでも画一的な施設建設に偏ったリゾート開発は，本来の自然を壊し，施設に依存したレジャーを提供するものであった．自然を求めて出かけたはずなのに，その土地本来の自然とはほとんど接することもなく，施設のなかで過ごし，「自然とふれあった」と思い帰ってくる．自然公園においてもリゾート開発の圧力が増大していることに危機を感じて，自然環境保全審議会は自然との接触度が高く，自然への負荷が少ない利用のあり方を「自然・ふれあい」として提案したのである．

2. 幅広い人と自然とのふれあい

　「人と自然とのふれあい」は多様である．たとえば，農林漁業など生業に根ざした自然利用は自然とのかかわりそのものであるし，花見や潮干狩り，ハイキングなどのレジャーのほか，日常生活のなかでのかかわりもある．

　散歩途中に道端のタンポポに目がいって春を感じたり，鳥のさえずりを楽しむのも自然とのふれあいだろう．子どもの原体験，花見や山菜採りといった季節の行事，裏山の手入れやため池の掃除など農林業にかかわる地域の共

同管理．山の残雪のかたちから農作業の時期を知る暦や，山や海にかかった雲から天気を知るなど日々の生活の知恵もある．山岳信仰など自然との精神的な交流や，自然を対象とした学術研究もある．本書でも取り上げられている自然の保護・再生，環境保全を目的とした市民による自然観察会や里やま管理などの活動は新しいふれあいのかたちである．

このように生活のなかで累々と受け継がれてきた歴史あるものから，新しいものまで，また目にみえる行いから目にみえない精神的なものまで，さらには地域固有のものから全国的なものまで，人と自然とのかかわりは無限といってもよいほど多様である．それらを，幅広く「ふれあい」としてとらえておきたい．

3．「ふれあい調査」の必要性

（1） 環境影響評価「人と自然との豊かな触れ合い」

環境影響評価法の「人と自然との豊かな触れ合い」項目は，「地域住民等の日常的な自然との触れ合い活動への影響を把握する」とされている（環境庁 1998）．このことは，市民の幅広い自然とのかかわりや自然に対する思いなどを把握することであり，環境影響評価プロセスへの市民参加なくしてはなりたたないものである．

しかし，現行の環境影響評価では，たとえば運動公園やスキー場といったレジャー施設をふれあいの場として取り上げるにとどまり，人と自然とのふれあいを限定的にとらえている場合が多い．その結果，里やまや干潟などの保全を望む市民の声が開発計画に反映されることはほとんどなく，市民が日常的にふれあう身近な自然の開発は後を絶たないのが現状である．

「人と自然との豊かな触れ合い」項目が十分に機能していない要因の1つとしては，「人と自然とのふれあい」分野の研究が発展途上であり，調査手法や評価手法が確立されていないことがあげられる．したがって，環境影響評価への市民参加を実現するためにも，地域の人たちの多様な自然とのかかわりや，自然に対する思い，自然とかかわる地域社会がもつ知恵やしくみなどを把握する「ふれあい調査」方法を確立することが必要である．

(2) 合意形成のために必要なふれあい資料——自然保護の現場から

　一方，地域づくりにおいても「ふれあい調査」の必要性が強く認識される．たとえばダム建設や干潟の埋め立て，道路建設などの公共事業において，環境影響評価も実施され，行政的な手続きはすんでいるのに，事業への反対の声が根強く，長期にわたって地域で意見の対立が続くことがある．

　現在実施されている行政制度においては，市民の意見を聞くといった場合，住民代表としての自治会長といったような立場を背負った人の意見だけが取り上げられて，生活者としての声が表に出てこないといったことが少なくない．

　開発計画や地域計画を決定してしまう前に，生活者としての市民の意見や思いを十分にすくい上げ，異なる意見も議論を重ねて調整し，計画づくりに反映させていくことができたら，地域内での対立を回避し，効率的で適切な開発や自然保護をもたらすだろう．しかし，そのようなしくみは未整備といってよい．

　したがって，常日ごろから地域の自然に対する人々の思いやかかわりを「ふれあい調査」によって掘り起こしてデータ化し，保全や利用を考えるときの議論の基礎資料にすること，それを使って合意形成をはかっていくことが重要と考える．

4. 市民による里やまにおけるふれあい活動

　ここで「ふれあい調査」を含む，ふれあい活動の実態と，自然保護，持続可能な地域づくりにおけるその役割と可能性について述べておきたい．

　1990年代に入り，市民による身近な自然を守る活動，とくに里やまの保全活動が各地で急速に広がりをみせた．これは，生業である農林業とは異なる新しい里やまとのかかわり方，身近な自然の保全を目的としたふれあい活動と位置づけられる．

　日本自然保護協会は2002年に「市民による里やまにおけるふれあい活動調査」（環境省請負事業）をとりまとめた．調査では，全国の市民による里やまでのふれあい活動の実態を明らかにするため，2000年当時全国で自然

観察会や里やま保全活動を実施していると考えられる団体を約3200件リストアップし，アンケート調査を実施した．なお，本章では，狭義の里山，つまり伝統的な農林業と結びついて維持されてきた雑木林や松林，規模の小さなスギやヒノキなどの植林地，竹林や鎮守の森などに加え，広義に田んぼや畑，小川や湿地，ため池，草はら，社寺，農家，そこでの人の生活，人と自然とのかかわりなど農村の風景をかたちづくっているものすべてを含めた空間を「里やま」とよぶこととした．このふれあい活動の調査では，里やまの自然の一部が残された斜面林や湿地，都市的土地利用に埋没している自然地や人々の居住地周辺の緑地も，里やまに含めて調査対象とした．その結果，1026件の活動が全国各地から報告された．とくに東京，名古屋，大阪といった都市圏に多く活動がみられた．これらの活動事例を対象に解析を行った．

（1）人々の交流と保全意識の向上に成果

ふれあい活動の種類

ふれあい活動の内容（タイプ）について示したのが図6.1である．活動内容は，自然観察会，雑木林・草地の維持管理，調査活動など9種類に大別された．そのなかで，もっとも多かったのが自然観察会の72%，ついで調査活動の40%，雑木林・草地の維持管理が36%だった．また，1団体が1つの活動に専念しているのではなく，平均して4つの活動を実施していた．

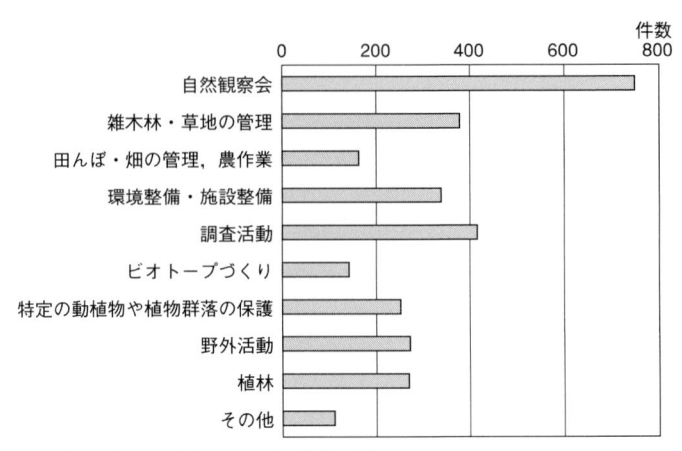

図6.1 ふれあい活動の内容（複数回答）

活動の保全上の効果

このようなふれあい活動が，活動場所としている身近な自然の保全にどれだけ役立っているか，活動の効果についての回答者の意識をプラス面とマイナス面の両面からさぐってみた．

活動前後のフィールドの自然環境について，よくなっているか，悪化しているか，変わらないかを聞いたところ，どの回答も約 30％ずつであった．活動のプラスの効果としては，希少種の保護を含む生物多様性の保全，景観保全が多くあげられたほか，人々の保全意識の向上や利用の促進など，自然環境保全面以外の効果があげられた．一方，悪化している点については，道路建設や宅地開発などの開発事業がもっとも多かったが，これはふれあい活動に起因するものではなく外的なインパクトによるものである．盗掘やオーバーユース，踏みつけなどによる悪影響についてもあげられたが，これがふれあい活動に起因するものか外的な要因によるものかは区別できなかった．

そこで，この結果を補足するために，ふれあい活動のうち，雑木林・草地の維持管理活動と，田んぼ・畑の管理活動に関して，その作業実施前後の環境の様子について同じアンケートの回答結果をみてみた．作業後環境がよくなった点として，どちらの活動も生物が増えたことがもっとも多く，ついで景観がよくなったことがあげられた．逆に悪くなった点としては，人の出入りが増えて林や畦が荒れることが多く回答された．

生物や景観の保全に成果をあげているとの回答については，自己評価によるものであり，保全目標に対して科学的に検証されているわけではない点に留意する必要がある．しかし，人々の保全意識の向上という面においては，十分に成果をあげているといえる．

さらに，本調査全体をとおして，活動の成果として，参加者の保全活動への意識の高まり，地域の人たちとのコミュニケーションの促進，活動への協力者の増加など，里やま保全意識の向上について，多くの報告がなされた．

人と人が，身近な自然のなかで出会い，共通の体験をし，コミュニケーションが生まれる．これは，ふれあい活動が，さまざまな人の思いや考えを交流させる場を提供するという点で，生物多様性のための地域づくりにおける合意形成に関して，重要な役割を果たしうることを示しているといえる．

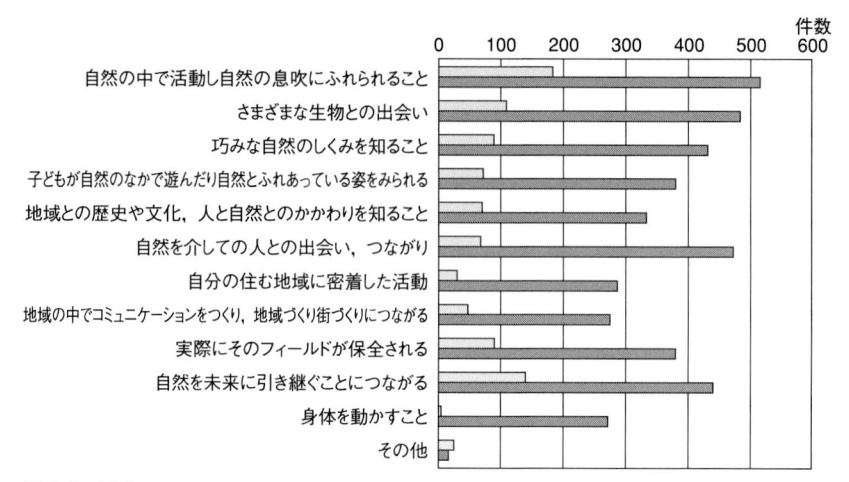

第6章　自然保護のための市民による「ふれあい調査」

図6.2　活動のやりがい
上：もっとも強く意識していることを1つだけ選択回答，下：複数回答．

活動のやりがい

　ふれあい活動のやりがいについて，本調査で活動について報告してくれた人たちの意識を調べた結果を図6.2に示した．活動のやりがいは，自然のなかでの体験など自然とのふれあいが上位を占めているが，自然を介しての人との出会いやつながり，地域とのつながりができることなどを重視する回答も多く寄せられた．このことから，ふれあい活動の場はその場所を大切に思い，保全したいという人々の思いが存在する場としてとらえることができる．

（2）　地域自然のモニタリングの担い手

　ふれあい活動のなかでも多く実施されている自然観察会や調査活動は，その場所の自然をモニタリングする役割も果たす．一定の方法で観察結果を記録すれば，継続的にデータを蓄積することができる．その点で，回答を寄せた団体の約4割が調査活動を実施していることは注目に値する（図6.1）．
　市民がNGOや研究者と協働して，その自然を科学的に調べ記録する方法，その結果から自然の変化を察知するデータの読み方などの手法を学び，継続的に調査を実施すれば，地域自然のモニタリングの担い手となるであろう．そこで得られたデータは地域情報として集積し，地域自然の保全計画策定，

地域づくりの際の資料として共有，活用することが望まれる．

また，報告された調査活動は，動植物の分布や生態，地形・地質，水質など，客観的な自然を対象にしているものが9割以上を占めていた．しかし，数％にすぎないが，土地の昔ながらの生活や文化，民俗，かつての自然の様子や土地利用などについて，聞き取りなどの方法を使って調べ，現在の保全活動に活用しようとしている事例もあった．そのなかのいくつかの事例を取り上げ，「ふれあい調査」手法の研究を行った．

5. 保全活動のなかで生まれた「ふれあい調査」（事例分析）

市民が自主的に実施してきた「人と自然とのふれあい」に関する調査活動は，それが「ふれあい調査」であると意識して行われたわけではない．その土地の自然を保全するために，おのずと必要性を感じて実施されたものである．これらの事例について，調査の目的，内容，得られた成果を整理してみた．なお，これらの事例を解析するにあたっては，日本自然保護協会内にふれあい調査研究会を設け，実際に「ふれあい調査」に取り組んできた下記の5つの市民グループのメンバーに参加してもらい，議論を重ね，確認し合いながら後述の結果をとりまとめた．

> [NACS-Jふれあい調査研究会構成メンバー]相川明子（鎌倉中央公園を育てる市民の会；山崎の谷戸），井口利枝子（とくしま自然観察の会；吉野川河口），及川ひろみ（宍塚の自然と歴史の会；宍塚大池），曽我部行子（ものみ山自然観察会；海上の森），髙橋絹世（緑と湧水と流れの会；白子湧水群），（以下ニッセイ財団助成共同研究メンバー）開発法子，菊池玲奈，鬼頭秀一，富田涼都，丸山康司

（1）ふれあい調査の目的と内容

表6.1に5つの「ふれあい調査」事例について，実施にいたった背景や動機，目的，調査内容・方法，結果のアウトプットについての概要を示した．

これらのふれあい調査実施の動機については2つに分けられた．1つは開発事業の計画に対して自然環境の保全を願う市民の意見を集約して反映させ

表 6.1 ふれあい調査事例の内容

[事例1]

調査地域	海上の森（愛知県瀬戸市）	環境タイプ	里やま
調査の背景・動機	博覧会会場跡地の住宅・道路建設事業の環境影響評価において，「人と自然との豊かな触れ合い」項目を，市民の視点（市民参加）で意見し，その意見をアセスに反映させる機会として重視し位置づけたかったため			
調査手法	①マップづくり	②現地を歩きながら設問に回答するオリエンテーリング方式のアンケート	③地形図・航空写真の読み取り，市史などの文献，聞き取り
目　的	その場所の自然の魅力や価値がどこにあるのかを体験情報から明らかにする	ビジターの土地の自然に対する意識を明らかにする	過去の植生の状況を明らかにする（森に寄せた人々の思い，生活の変化も）
調査項目・内容	地域の人々の自然体験 ①ほっとする場所/美しいと思う場所/生きものと出会った場所/ゴミで汚い場所/感じが変わる場所/見晴らしを意識する場所/歩いていて不都合を感じる場所の選定 ②【夜】ムササビ・コウモリ・フクロウ・ヨタカ・ホタル・カブトムシ・クワガタ・秋の虫と出会った場所/月がきれいにみえる所 ③【春夏秋冬】歩いて，気分がよいルート/気分が悪いルート	ビジターの求める自然例：その場所に人の手を入れるとしたらどのくらいが適当か（手入れ），どれほどの時間そこにいたくなるか（滞留時間）など	景観（植生）の変遷
対象者	常連ビジター	ハイキングなどで訪れるビジター	地元住民
アウトプット	自然体験マップ	アンケート結果を地図に表現したオリエンテーリングマップ	図面

5. 保全活動のなかで生まれた「ふれあい調査」（事例分析）

[事例2]

調査地域	山崎の谷戸（神奈川県鎌倉市）	環境タイプ	里やま
調査の背景・動機	肥料・燃料革命以前の里やまの手入れ方法を，その人たちの存命中に聞く必要があったため		
調査手法	家を訪ねて聞き取り		
目　的	里やま保全の目安を地域の昔ながらの方法で引き継ぐ/地域の人たちとの友好関係を築く/行政に里やま保全施策を重点にさせる		
調査項目・内容	谷戸の暮らし ①山崎のムラの構成，②谷戸の農作業，③家畜と生きもの，④暮らし，⑤子ども時代，⑥年中行事と儀礼		
対象者	元地権者，耕作をしてきた人たち		
アウトプット	冊子 「かまくら・山崎　谷戸と暮らし」		
ふれあい調査をとおしての活動の広がり	●年中行事である年数回の「まつり」に必ず参加するようになったり，夏祭りの御輿の屋根には，会で耕作している稲束を使うのが恒例となるなど，元地権者の人たちとの交流が深まった． ●谷戸保全作業の方法は，この聞き書きによるものが根幹となって定着してきた． ●聞き書きで知った過去の土地利用にもとづき，体験学習の小学生と自然復元したり，地域の伝統的な農作業を伝授することで，自然とのふれあいや里やま保全，次世代に引き継いでいく作業の大切さなどを子どもたちに学んでもらうことが活動の大切な目的の1つとなった．		

海上の森オリエンテーリングマップ

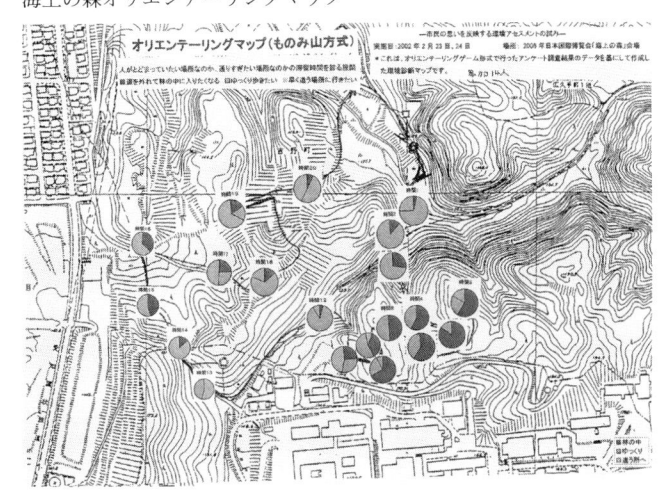

[事例3]

調査地域	宍塚の里山(茨城県土浦市)	環境タイプ	里やま
調査の背景・動機	里やま保全のためには,地元で農業をしている人に農業を続けてもらいたいと思り,地元の人とふれあう機会,この土地と暮らしについての話を聞く機会をつくりたかったため		
調査手法	家を訪ねて聞き取り,一緒に歩き地名などを教えてもらう		
目的	里やまの未来を考えるときに,これまでの人とのかかわりを,その土地その土地に即して学ぶ		
調査項目・内容	里やまでの暮らし ①生活のなかでの自然とのかかわり(井戸や農作業,行事など) ②子どものころの遊び(水,植物,動物などとのかかわり方) ③風景や暮らしの変化 ④歴史(地名や土地,伝統文化,言葉,お経など) ⑤宍塚の自然に対する想い		
対象者	昔から宍塚大池とともに生活してきた地元住民		
アウトプット	冊子 「聞き書 里山の暮らし――土浦市宍塚」 　　　「続聞き書 里山の暮らし――土浦市宍塚」		
ふれあい調査をとおしての活動の広がり	●聞き取りで,はじめは話してくれなかった人がいたが,話を聞ける人が増えてくるなど,これまでの活動からかなり地元の理解と信頼を得ることができ,繋がりを感じることができるようになってきた.異世代間,都市住民とのコミュニケーションの形成を感じる.これが地域の意思決定にまでいたれば,保全がより確実なものになると思う. ●農作業体験,食べものや伝統行事の再現などの活動を頻繁に行い,活動の主流になりつつある.この活動には地元の方々に参加してもらえるよう働きかけ,多くの場合,何人かが参加してくれるようになった. ●若いお父さんお母さんの世代が自然とのかかわりが希薄になっているので,若者をターゲットにした活動を活発化している.大学,専門学校などの授業に組み込むよう働きかけるなど,何度も里やまに通い学んだ学生が自ら経験を活かし講師を引き受けるようになった.里やま活動の体験は環境保全の基礎を学ぶことになり,職業の選択にもかかわっている.		

るため.もう1つは,里やま保全の手法をさぐるために,これまで里やまを持続的に利用してきた人たちからその利用方法や里やまでの暮らしなど,生活のなかにあった自然とのふれあいを学ぶというものである.

前者の「開発に対する市民の意見反映」を目的として行われた海上の森(愛知県瀬戸市)や吉野川河口(徳島市)でのふれあい調査は,その自然に対する人々の意識を明らかにしようと,その場所を訪れる人(ビジター)を対象に,アンケートを実施したものである.一方,後者の「里やま自然との

[事例4]

調査地域	白子湧水群（埼玉県和光市）	環境タイプ	湧水（里やまの一部）
調査の背景・動機	当地域は，かつては湧き水の宿場町として栄えた．湧水保全のために，現在あるいはこれまで湧水をどう利用してきたか（いるか）を調べ，保全の方策をさぐりたかったため		
調査手法	神社や各家庭での聞き取り（立ち話も），湧き水利用者との懇談会，井戸の地下水位の計測と地下水図の作成，市誌などの文献調査		
目　的	地域の地理・歴史的特徴や，湧水の有効利用（防災利用の可能性も含む）を知り，今後の湧き水の利用と保全のあり方を検討するときの基礎資料を得る		
調査項目・内容	①湧き水利用の歴史 ②現在の利用状況 ③地下水の状況 ④湧水利用のシステム ⑤防災との関連		
対象者	白子地区に古くから住んでいる住民，現在湧き水を利用している人，井戸の所有者など		
アウトプット	冊子　「和光の身近な自然探訪」 　　　　「和光市湧き水と緑地マップ」		
ふれあい調査をとおしての活動の広がり	●湧き水たんけん観察会を定期的に実施して，総合学習や一般向けに地域を学ぶ機会をつくっている． ●地元の人と協力して調査や湧水の水路の手入れをしたり，地域のお祭への参加，地主さんとの話し合いなど，古くからの住民と新しい住民との親睦が深まった． ●市との関係ができ，環境市民会議も参画して緑地保全やせせらぎのあるまちづくり計画の提案，身近な自然を利用した自然とのふれあいの場を設けること，湧水保全の重要性を市に要望するなどの活動が生まれた．		

日常的なふれあいを知る」ことを目的とした，山崎の谷戸（神奈川県鎌倉市），宍塚の里山（茨城県土浦市），白子湧水群（埼玉県和光市）での「ふれあい調査」は，古くからその土地に生活してきた地元住民を対象に，家を訪ねての聞き取りを実施した．

　また，海上の森では，ビジターの意識だけでなく，その場所を歩き体験し，感じたことを地図上に記録したり，過去の自然の状況を知るために地元住民からの聞き取りも行っている．このことは，自然環境について，自然科学的な手法によってとらえるのとは異なる，人々の自然の感じ方，自然に対する思いを介して，その自然の姿を明らかにし位置づけていく新しい手法である

[事例5]

調査地域	吉野川河口（徳島県徳島市）	環境タイプ	河　川
調査の背景・動機	吉野川河口干潟への橋建設事業に対し，吉野川の自然に対する市民の気持ち，川とのかかわりを知り，その思いに沿った保護活動をするため			
調査手法	①アンケート		②マップづくり	
目　的	地元に暮らす人々と吉野川との日常生活でのかかわりを知り，吉野川に対する人々の思いを明らかにする		吉野川河口の生態学的な特徴を伝える資料をつくる	
調査項目・内容	吉野川に対する人々の思い，意識 ①吉野川のどこが好きか ②開発されるとどうなると思うか		干潟に生息する生物，架橋建設による自然環境への影響予測	
対象者	川を訪れる人		自然観察会のメンバー	
アウトプット	図表		吉野川河口環境マップ	

吉野川河口環境マップ

といえる．

　調査結果のとりまとめについては，アンケート結果は図表に，体験情報などは地図に表示し，聞き取りは冊子にするなど，多くの市民に調査結果を知らせ，情報を共有していこうとする工夫がみられた（図6.3）．

（2）ふれあい調査の成果

　ふれあい調査実施の前後で変化した点について，市民グループのメンバー

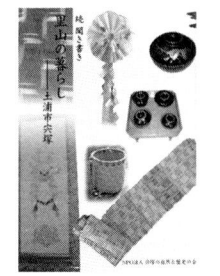

5. 保全活動のなかで生まれた「ふれあい調査」(事例分析)　83

「続聞き書き　里山の暮らし――土浦市宍塚」
(NPO法人　宍塚の自然と歴史の会)

「かまくら・山崎　谷戸と暮らし」
(山崎の谷戸を愛する会)

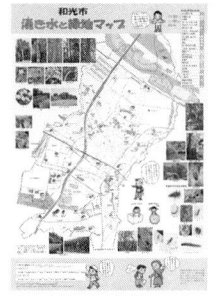

和光市湧き水と緑地マップ
(和光市・日本自然保護協会)

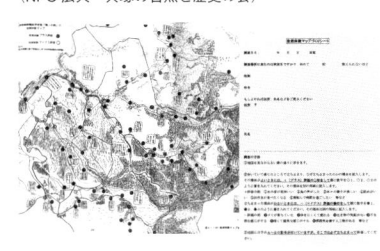

自然体験マップと調査用シート
(ものみ山自然観察会)

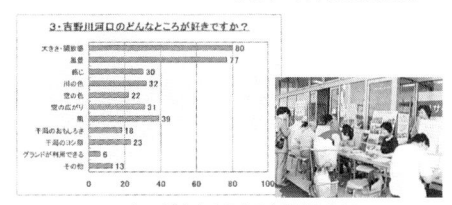

アンケート「あなたの中の吉野川とは」の
調査結果の一例と街頭アンケート風景
(とくしま自然観察の会)

図 6.3　ふれあい調査結果をまとめた成果物（例）

に自己評価してもらい，研究会で確認した結果を表 6.2 にまとめた．ふれあい調査を実施したことにより，活動が発展した，かかわる人の意識が変化したとの2点が認められた．

　活動上の成果としては，①調査で得た土地の情報にもとづき，田畑や林，水路など活動場所の一部復元が実現した，②聞き取りなどの調査をとおして地域の人との交流が深まった，③調査成果物の冊子が学校の教材となり，学校との関係ができたことなどがあげられた．

　人の意識の変化については，聞き取りの対象となった地域の人のみならず，調査する人の意識の変化が確認された．とくに地域の人と調査者との関係は，調査前は希薄であったものが調査を介して理解や信頼，協力関係が進んだ．

　このようなことから，ふれあい調査によって，地域でのコミュニケーションが深まり，それぞれの思いや考えが掘り起こされ，おたがいの理解を少しでも進めようとする機会が生み出されているといえる．長い時間をかけたうえで，ごくわずかに芽生えた機会であったとしても，これは，その土地の保全や開発について，さまざまな人が同じテーブルについて議論し，合意形成

表 6.2 ふれあい調査実施による活動の変化

1. 活動の変化（広がり）
①場の保全・再生のための情報の取得 ●迅速測図，空中写真や聞き取りで自然環境の変遷，過去の動植物の成育・生息状況を知ることができた ●聞き取りにより，田畑や水路，林地など過去の土地利用とその維持管理方法が明らかになった ●聞き取りで，湧水を使った産業（染物や酒造り，水車（粉挽き・精米），うどん屋，旅館，近隣農家の野菜洗い場など）と，かつての町並みが明らかになった
②地域でのコミュニケーションの深まり ●自然観察や自然環境に関心のない人との交流が生まれた ●旧住民と新住民との交流が生まれた ●行政に対して意見を述べることのなかった土地所有者の土地に対する真意を汲み取ることができた
③学校とのつながり ●調査結果をまとめた冊子が，地元の小中学校の総合学習で活用された ●過去の土地利用を復活させる活動に小中学校の総合学習で子どもたちが参加し，実現した
2. かかわる人の意識の変化
④地域の人の意識変化 ●聞き取りではじめは話してくれなかった土地所有者の人がいたが，話を聞ける人が増えてきた ●ふれあい調査や活動への理解者，協力者が増えた ●調査の成果物を手にして，喜んでくれ，信頼してくれるようになった ●地域の伝統行事に歓迎してくれたり，良好な関係が生まれた ●自分たちが暮らしてきた地域にいとおしい思いを描き始めているのを感じられるようになった
⑤調査者の意識変化 ●その土地の自然や人の暮らしへの理解，向き合い方が深まった ●現在の生活のなかで忘れ去った，暮らしの知恵，技術，人の繋がりがあること，その伝承の重要性に気づいた ●以前は自然環境を中心にその土地の重要性を語ることが多かったが，歴史的な背景や暮らしなど人とのかかわりを必ず話すようになった

を図っていくうえでの第一歩，重要な土台になるものであろう．

そして，ふれあい調査にたずさわった人自身にとっても深い気づき，学びがあることで，それが活動の継続や発展につながっているものと考えられる．

（3） ふれあい調査結果の活用と課題

ふれあい調査結果は，「開発に対する市民の意見反映」という調査目的に

対しては，環境影響評価への意見提出，行政との話し合い，学習会やシンポジウムなどの活動に関するイベントといった場での資料として活用された．「里やま自然との日常的なふれあいを知る」という目的に対しては，里やま管理方法や伝統的な農作業のやり方などについて聞き取りで調べた結果をまとめた冊子を自分たちの里やま保全活動における教科書としたほか，中学校の推薦図書に選ばれたり，地域学習のときの教科書的な扱いを受け活用されるにいたったものもある．地域の人との懇談会の資料としての活用もあった．

いずれの場合も，調査結果を資料として活用した対象は行政，学校，地域の人と異なるが，調査結果を用いることで新たなコミュニケーションを生み出している点が特徴といえる．

また，5つのふれあい調査事例では，苦労した点，課題としておもにつぎの3点があげられた．

①聞き取り調査では膨大な情報が集まるため，それを正確に記録し，要点を抽出するのに多くの時間とエネルギーを要する．

②ふれあい調査は，一般には広まっていないため，自然観察会など保全活動に参加している人でも関心が低く，またアンケートや地域体験マップ調査など地味な調査という印象があるためか参加者集めがむずかしい．

③聞き取りやアンケートによる意識調査など，人の感覚をとおして得るデータは，自然科学調査の客観的データとは質が異なるため，データの客観性をいかに確保し，表現するかがむずかしい．

これらの課題については，まずはふれあい調査への関心を高め，実践を重ねるなかで解決策を見出すしかないと考えている．

6.「ふれあい調査」の提案

前節のふれあい調査事例の検討をもとに，ふれあい調査研究会では，「ふれあい調査」の基本的な考え方をまとめ，調査手法を検討した．

（1）「ふれあい調査」のテーマ

身近な地域の自然を将来にわたって保全するための「ふれあい調査」では，つぎの2つの「ふれあい」のテーマについて明らかにすることが重要である．

1つは，過去から現在にいたる，自然とかかわってきた暮らし方，自然に対する伝統的な「思い」，社会的なしくみといった，その地域の歴史的な蓄積を知ること．いわば，地域の文化を掘り起こして，再認識することであり，それにもとづき自然を保全・管理していこうというものである．これからの地域自然の保全目標，具体的な保全の方法を決めるとき，1つの確かな指針ともなる．

もう1つは，いまある自然と，地域の人たちやそこを訪れる人たちとどのようなかかわりがあるか，人々はその自然に対してどのような思いをもっているのかという意識や経験について知ること．これは，自然を大切に思う市民の思いをデータ化する作業でもある．これにより，その場所の開発や保全の計画をつくったり，事業を企画するときに，市民の思いや意見をより的確に反映させ，市民の参画を促すことがきる．

（2）「ふれあい調査」手法とふれあい情報データベースの確立をめざして

「ふれあい調査」手法については，確立したものがあるわけではないが，定性的な調査手法として，聞き取り，自然とのふれあい情報マップづくり，地図・文献・写真調査などが考えられる．また定量的な調査手法としては，アンケートなどの質問紙法，電子野帳を用いたデータ取得法などがあげられる．

このくわしい内容の説明については，暫定版のふれあい調査マニュアル「地域の豊かさ発見＊ふれあい調査のススメ【お試し版】」(NACS-J ふれあい調査研究会・日本自然保護協会 2005) に掲載したので参照いただければと思う．

しかし，これらの調査手法を用いた「ふれあい調査」，あるいは「ふれあい調査」とみなされる既存の調査について，その実績の集約はなされておらず，手法の有効性についての検証もできていない．今後は，調査事例の収集と評価を行い，「ふれあい調査」手法を確立し，市民参加型調査マニュアルを作成することが課題である．

また，「ふれあい調査」で得た成果を広く共有する方法として，ふれあい情報データベースが必要だと考えている．とくに，GIS を活用したデータベースを構築したいと考えている．そこに GPS（全地球測位システム）と

連動した電子野帳システムなどを用いた方法によって取得したふれあい調査データを搭載していくことができれば，地域マップ上にふれあい情報を表現することができ，また自然環境や生物多様性に関する自然科学的なデータと統合的に扱うことも可能となる（丸山 2005）．

（3）「ふれあい調査」の意義

これまで述べてきたように，市民によるふれあい活動および「ふれあい調査」は，自然と共存する持続可能な地域づくりにおいて，市民の参画，合意形成を促すという面を担っているといえる．

地域の自然環境の保全・再生の目標や方法を決めるとき，あるいは地域計画や開発計画に市民の声を反映させていくときに，「ふれあい調査」で得た地域の人と自然とのふれあいに関する情報は，議論で必要な共通認識のための基礎資料として重要かつ有効なものであろう．

また，「ふれあい調査」の過程では，聞き取りなど地域の人との対話の機会が多くなり，さまざまな人との出会いやコミュニケーションが生まれる．これは，立場や意見の異なる人たちの交流であり，合意形成の第一歩であるといえる．たとえば，開発計画における行政手続などの限られた場では，開発か自然保護かといった対立した構図の表面的な議論で終わってしまうことが多い．一方，ふれあい調査は時間をかけた地道な対話や人々の交流のなかでデータがとられていく．地域の思いを掘り起こし，ていねいに地域をみつめる作業のなかで，人々が真に求める開発や地域計画の姿がみえてくるだろう．

そして，「ふれあい調査」に参加した人たちは，現場でさまざまなことを発見し，学び，変わっていく．「ふれあい調査」は，調査自体が環境学習であり，持続可能な地域づくりの取り組みそのものの一部として位置づけられよう．

参考文献
環境アセスメント「人と自然との豊かな触れ合い」検討会（1999）『環境アセスメント「人と自然との豊かな触れ合い」を考える』，日本自然保護協会，東京．
環境庁（1998）『環境影響評価法に基づく主務省令集』，環境庁．
環境庁自然保護局計画課（1989）『自然・ふれあい新時代』，環境庁．

丸山康司（2005）ふれあい情報データベースを作ろう——ふれあい調査を形に残す．『地域の豊かさ発見＊ふれあい調査のススメ【お試し版】』，NACS-J，東京．

NACS-J ふれあい調査研究会（2005）『地域の豊かさ発見＊ふれあい調査のススメ【お試し版】』，NACS-J，東京．

日本自然保護協会（2001）『環境アセスメント「人と自然との豊かな触れ合い」を考えるワークショップ——フィールドから"かかわり"を読みとる目』，日本自然保護協会，東京．

日本自然保護協会（2002）『里山における自然とのふれあい活動——人とのふれあいの観点からの里地自然の保全方策策定調査報告書』，日本自然保護協会，東京．

沼田眞（1987）『植物生態学論考』，東海大学出版会，東京．

第7章
環境意識と生物多様性

丸山康司

1. 環境保全と社会の豊かさ

（1）「自然保護」の普及に伴う課題

　日本における自然保護の歴史は，その正当性を問いかける歴史でもあったのではないだろうか．第二次世界大戦前，自然保護という言葉が普及する以前は，その取り組みが役に立たない「閑事業」とみなされないように説明することが課題であった．高度経済成長期においては「蝶よ花よ」と揶揄されることもあった．かつてはなんのために自然を守るのかということについて，自然保護を推進する側はつねにその重要性や正当性を訴える必要があったのである．

　だが現在では，その意義は広く認められつつある．総理府による世論調査でも自然保護の重要性を指摘する回答が8割を超えている．少なくとも一般論としての自然保護の重要性は理解されているといえるであろう．自然保護にかかわる議論は「人間か自然か」という二者択一の議論ではなく，「自然との共存」という理念へと収斂したようにもみえる．

　その一方で，自然保護そのもののあり方も変化している．自然保護の対象や手法は多様化し，拡大しつつある．従来の自然保護は，特定の自然物や生物種，あるいは自然度の高い地域を対象としていた．こうした特定の自然から，保護の対象は生物種を含む生態系全体へと広がり，さらには生物多様性そのものへと移行しつつある．また，保存や保全という受動的な手法から，自然再生のように能動的な手法もとられるようになった．

　このことは，その背景としての社会のあり方が注目されるようになること

を意味する．たとえば，破壊を伴う人間による自然への働きかけのなかには，里山や水田といった土地利用のように生物多様性の保全という視点から積極的に評価されるようになったものもある．さらには，土地利用のような経済活動だけではなく，文化や精神などの価値も評価され始めた．つまり，総体としての人間と自然の関係性が評価され始めている．こうしたことを背景に，新・生物多様性国家戦略では，里地里山における営みの衰退に伴って，その環境保全的な機能も低下していることが課題とみなされるようになった．

だが，こうした変化は自然保護にかかわる課題の解決を意味するわけではない．全国各地の現場では自然保護についての議論は現在でも続いている．また，「自然との共存」を指向するが故に生まれた新たな課題もある．ここ20年で急速に広がりつつある獣害問題はその典型的な例である．

（2） 社会の豊かさを問う視点

生物多様性の保全への一般的な理解が浸透する一方で，社会の合意をめぐる課題もつねに存在している．このことを，たんなる過渡期の現象ととらえることも可能かもしれない．だが，むしろ生物多様性の保全と社会の豊かさは連動するかということをあらためて問う必要があるのではないだろうか．

生物資源を安定的に供給する機能など，生物多様性と社会の豊かさが一致する場合は存在する．その一方で，両者の間に不整合や矛盾が存在する場合もある．自然保護に伴う定番の議論ともいえる「人間か自然か」という対立においては，見かけの上での不整合だけではなく，本質的な価値をめぐる不整合が存在する場合がある．また，たんに一致しないだけではなく，両者が相矛盾する場合もある．近年注目されるようになった獣害問題などもその例である．

ここで，そのいずれが本質であるかを論じることにはあまり意味がない．自然も社会もそれぞれ独自の論理によって現状を維持し，あるいは変化する．と同時に，相互に影響を与えてもいる．このため，両者の関係は整合的である場合もあれば，相反する場合もある．つまり，その両方が存在していることが本質である．

とはいっても，どのようなものが豊かさとされ，人々の間で共有されるかは，社会のあり方に依存しているといえるであろう．このため，生物多様性

そのもののモニタリングと並行して，その社会的影響を検討するモニタリングも必要となる．本章では，その方法について検討すると同時に，具体例の分析を通じて環境に対する意識と生物多様性のダイナミズムを明らかにしたい．

2. 社会科学的モニタリングの課題と枠組み

　社会科学とはいっても，その方法はさまざまである．自然保護のあり方が流動化している点をふまえると，既存の枠組みを前提とするような方法ではなく，具体的な出来事をダイナミックに扱う方法が望ましいであろう．

　この点を考慮すると，さしあたり以下の2つを対象とすべきであろう．1つは，自然の諸価値が成立する過程である．もう1つは自然の諸価値が取捨選択される社会的しくみである．

　まず自然の価値の成立過程について説明しよう．自然によってもたらされるものは望ましいものや望ましくないものも含めて多様である．これらは，モノとしての利用価値や精神的価値などなんらかの機能を要件として顕在化する[1]．潜在的にはあらゆるものを想定可能であるが，現実的には人間と自然との相互作用のなかに存在する．これを分析することによって，自然物がどのような価値を認められているのかを実態に応じて明らかにすることが可能である．

　上述したような環境への意識は具体的なかかわりのなかで生成されるものであり，個人の実体験などにもとづくものを想定している．いわば近い自然である．ただし，「近い」とはいっても地理的な近さを意味するわけではない．認識における直接性という意味での心理的な近さである．その一方で，自然の価値のなかには社会的なしくみを通じて間接的に共有されるものもある．この場合，自然の諸価値はなにかを媒体として取捨選択される．これは「近い」自然との対比でいえば「遠い」自然となる．このあり方を明らかにすることがもう1つの対象である．具体的にはさまざまなものが媒体となる．

---

[1] 北米における「自然の価値」など，存在そのものに価値を認める考え方もある．だが，この考え方も実質的には経済的な利用価値に対置させるかたちで精神的な非利用価値を認めようとしているものである．

たとえば市場であり，この領域では経済的な価値の有無や多寡に応じて自然の価値が定まってくる．あるいは政策などの制度にも同様の効果がある．技術も，潜在的には多様な自然の価値を特定のものへ特化させる．習慣や伝統といった文化を含めることも可能である．こうした一連のしくみは自然の価値を一定程度方向づけ，同時に社会全体に普及させる媒介として機能する．

　問題は，このような自然の諸価値相互の関係である．直接的・間接的という違いはあっても，自然の価値は人がかかわることによって存在するという意味では，本来多様である．また関係性に応じて多様な価値が生み出される可能性がある．このため，物理的には同一の自然物であっても，その価値は人間のかかわり方や認識によってさまざまに異なる．したがって，ある人にとっては自分の人生と深くかかわる自然が，ほかの人にとっては取るに足らないとされる場合がある．

　自然の諸価値の間には，この種の緊張関係がつねに存在する．これは近い自然と遠い自然の関係をめぐって発生する場合もあれば，それぞれの内部で発生する場合もある．その原因の1つは，実際上の自然との関係と認識とのズレによって発生する．このような場合は普及啓発やコミュニケーションによって共通認識を得ることが可能になるであろう．その一方で，緊張関係が増幅されてしまう場合もある．

　一般論としていえば，自然の諸価値の緊張関係は価値・地域・時間軸という3つの枠組みでとらえられるであろう．1つは価値の対立である．自然をもっぱら経済活動上の資源とみなす場合と，文化的な営みの資源としてみなす場合とでは，評価が一致しない可能性がある．もう1つは地域間の対立である．有害鳥獣は典型的な例であるが，ある地域の人々にとっては必要不可欠な自然が，ほかの地域においては無価値であるとされている場合がある．あるいは，積極的に排除すべきものであるとされている場合すら想定可能である．3番目は時間軸である．物理的な過程として環境の変化や生態系の遷移と，人の寿命の長さは必ずしも一致しない．これが世代間での利害の不一致につながる場合がある．とくに顕著なのは，有限な資源の利用や廃棄物にかかわる問題であろう．あるいは，持続可能な資源利用への移行過程のよう

2）以上の点を考慮しない場合，生物多様性の保全は抑圧の論理に転化してしまう危険性がある．あるいはそう解釈されてしまう危険性がある．

に，短期的な利害と長期的な利害が一致しない可能性がある[2]．

社会は均質化されていないため，こうした緊張関係や矛盾そのものは不可避である．価値・地域・時間それぞれの間に相互的かつ頻繁に影響し合うような関係があれば，比較的早く矛盾は解消する．一方，影響関係が希薄であったり，特定の領域から一方的に影響を受けるような場合には，矛盾は蓄積される．つまり，多様な主体や価値をつなぐフィードバックシステムの有無が緊張関係の有無や程度に影響している．

こうしたこともふまえると，社会科学的モニタリングの課題は
1. 生物多様性の保全によって社会の豊かさが生み出される場合
2. 生物多様性の保全が社会の豊かさに連動しない場合
3. 生物多様性の保全と社会の豊かさが矛盾する場合

を分析することである．

この3つのなかで，2および3の場合は利害の対立に結びつきやすい．社会が抱える課題は，環境の問題を含めて無数に存在する．そのなかで，環境の問題は長期的には重要度が高い課題であるかもしれない．またこのことを理由に，地域や世代，あるいは個々人に偏在する個別の問題よりも優先順位を高く設定することも正当化できるのかもしれない．環境保全と社会の豊かさが高い確率で連動するとされている場合には，こうした判断は合理的である．だが，環境の問題は因果関係が複雑であり，かつ時間的にも空間的にも拡散している．このため，社会全体の利益としての生物多様性の保全と各主体の利益が一致しなかったり，相反する場合がある．また，利害対立そのものやこれを解消するための過程も，豊かさを阻害する可能性がある．その一方で，対立を回避したり，対立そのものが解消されるような可能性もある．自然保護をめぐる対立が深刻になっている場合であっても，その背景を明らかにすることによって，新たな選択肢を発見することも可能になる．

3. 下北半島におけるニホンザル問題

(1) ニホンザル問題の所在

ここで，社会科学的モニタリングによってなにが可能になるかを示すため

に，具体例について検討する．事例として取り上げるのは，ニホンザルによる有害鳥獣問題である．有害鳥獣の問題は従来の自然保護との矛盾が顕著であり，生物多様性の保全へと拡張しても容易には解決しない．その一方で，動物による被害という自然からの「負荷」[3]も含めて，多様な価値をもつ自然とどのように持続的に関係するかという課題は，生物多様性の保全と社会の豊かさとの整合性を高める試みとしても重要であろう．

　この課題のむずかしさは，否定的な価値も含めて自然物の価値が多様かつ不可分である点にある．こうした自然の多元性に加えて，人間の側にかかわってくる自然であるということも無視できない．

　2004年の秋，いわゆるクマ問題がメディアにさかんに取り上げられ，ニホンザルやイノシシなどを含めた獣害問題の話題にふれる機会が増えた．いままでは保護の対象と考えられてきた野生動物が，逆に人間に被害を与えるようになったため，新たな問題として注目を集めるようになったのである．だが，この問題はけっして新しい問題ではない．とはいっても，古い問題でもない．

　野生動物の存在や振る舞いが人間にとって好ましいものばかりではないという意味では，古い問題である．人間と動物との間に存在する普遍的な緊張関係であり，人類の歴史とともにある課題であったともいえるだろう．

　その一方で，獣害問題はきわめて現代的な課題でもある．そこには，自然保護への認識や野生動物へのまなざしの変化，あるいは人間の都合に応じて自然に相対することへの「ためらい」が存在する．こうした心理の背景には，近代以降の自然破壊への問題意識が存在する．これらを前提として，被害を与える動物との共存という課題が現れてくる．被害と保護とのジレンマが生まれている意味では，新しい問題である．とはいっても，この問題に何十年も悩まされている地域もあり，そこではすでに新しい問題ではない．

　このような新しさと古さが複雑に入り組んでいるのが現代の獣害問題である．その新しさだけに注目しても，問題解決にはいたらない．また，これを普遍的な現象であるとみなすことも誤りである．当然のことながら，利害のバランスだけを論じても不十分であろう．

3）「負荷」という用語は，人間に対して物理的な負担を不可避的に要求するが，価値的には中立であるような意味で使用している．

獣害問題のなかでも，ニホンザルによるものは独自の課題がある．サルは学習能力の高さゆえに技術的対策による解決がより困難である．また，社会通念として共有されているサルに対する心象と，実際の野生ザルの生態との乖離が顕著であるという点もあげられる．このため有害鳥獣問題のなかでもとくに「ニホンザル問題」として扱うべき課題群が存在する．

具体的に即して，自然との関係性を明らかにすることによって，自然の多元性を無視した取り組みの限界も明らかになる．その一方で，ここでの問題を自然の価値と生物多様性のダイナミズムという枠組みのなかでとらえることによって，問題解決に対する新たな展望も見出せるであろう．

(2) 下北半島におけるニホンザル問題の経緯

事例として取り上げるのは，青森県におけるニホンザル問題である．下北半島の西南部に位置する脇野沢村[4]（図 7.1）においては，長期間にわたっ

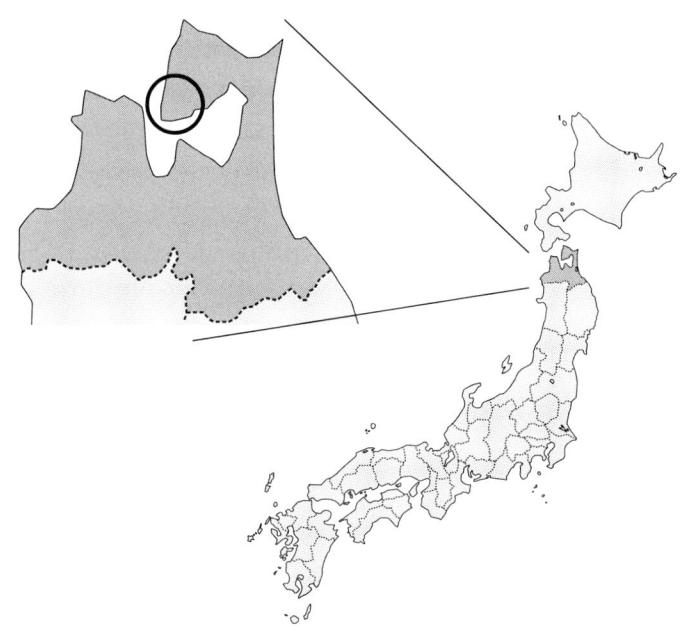

図 7.1　脇野沢地域

---
4) 2005 年の市町村合併により，現在はむつ市脇野沢となっている．

表 7.1 ニホンザル問題の経緯

年	事　項	年	事　項
1960	海岸部にサルが出没 断片的に生息調査を開始	1980	群れに対して大量給餌を再開 村および村農協が国，県へ猿害防止の陳情
1962	海岸部で田畑荒らしが頻発化 地元婦人会が猿害防止を陳情	1981	111頭捕獲 72頭を野猿公苑に収容 (-1982)
1963	村が地元婦人会に餌付けを依頼	1984	国設下北半西部鳥獣保護区設定
1964	生息域の一部を県鳥獣保護区に設定 餌付け成功	1991	隣接する佐井村で被害が出始める
1970	天然記念物指定 被害地域拡大 西北部の生息地に除草剤を空中散布 日本モンキーセンターなどによる調査開始	1994	脇野沢村で電気柵設置開始
		1995	佐井村で電気柵設置開始 脇野沢村で大規模電気柵設置開始
		1998	下北半島北西部で被害発生→電気柵設置
1975	被害地域拡大 保護繁殖事業が文化庁から環境庁へ移行	2000	下北半島ニホンザル保護管理基本計画策定
1976	餌付けの給餌量を削減→群れの分裂兆候	2001	青森県野生猿保護管理対策協議会発足 人家侵入を繰り返す特定個体1頭を捕獲
1977	日本モンキーセンターによる調査実施 (-1979)	2004	特定鳥獣保護管理計画策定
1978	群れが分裂し，被害地域が広域化	2005	脇野沢村で特定個体13頭を捕獲 佐井村で特定個体1頭を捕獲
1980	猿害が社会問題化		

て「北限のサル」との共存の課題を抱えてきた．この問題は，さまざまな要因が相互に関連しながら継続している．明治-昭和初期においては，近代化に伴う狩猟の活性化と，生息域である森林生態系の改変によってサルの生息数が減少してきた．こうした過程は，いわゆる自然破壊の問題として理解できる．

だが1960年に，この地域のサルが発見された後の経緯には，さまざまなことがらが影響している．表7.1はおもな出来事を時系列に沿ってまとめたものである．この地域においてはサルとの共存，保護，排除といった出来事が併存してきた．サルが発見された当初は保護を目的として餌付けが行われていたが，サルの増殖だけではなく，餌場に誘導することによる被害防止策としての効果や，サルの研究，自然教育といった効果も見込まれていた．また1966年には天然記念物指定が申請され，1970年に「北限のサルおよびその生息地」として，下北半島全域のニホンザルが指定された．申請理由の1つはサルの保護を定着させることであり，たとえば除草剤散布のような林業

施業に対して制度的に対応することであったが，サルの観光資源としての価値を高める意図もあった．この段階においては，サルとの共存は広く共有される理念であり，多様な主体の利益にもかなうものだった．このような背景のもと，サルとの共存は村の行政，地域住民，生態学の研究者といった主体の共存も可能にしていた．

だが，こうした関係は1980年代に崩壊し，サルの捕獲によって，連鎖的に利害や理念の不一致が顕在化した．直接的な原因はサルによる被害の拡大であるが，その背景には共存という理念への期待が低下したことがある．このため，現実と理念の乖離も大きくなる一方で，サルを排除する施策が増加している．この傾向は1990年代以降も継続しており，捕獲議論の再発，電気柵設置による共存策の提案，サルの人家侵入件数の増加と対策，というように被害が先行し，対策が検討されるというサイクルをたどっている．こうしたことが繰り返されるなかで，中長期的な視野に立った対策は実行されてこなかった．大きな流れとしては，保護から排除へと関係性が変化しているようにもみえる．ただし，共存を基調とする理念は完全に放棄されているわけではなく，排除とも相まって現在にいたるまで併存している．近年においては，青森県による保護管理計画が策定され，人とサルのすみわけを基調とする中長期的な施策も提示されている．また，順応的管理にもとづいて，加害の可能性が高い特定個体の捕獲が制度化され，捕獲が実施されている．

ここでの問題が長期化し，複雑化した原因として指摘されていることは，生息地の改変，森林整備の停滞，人慣れ，餌付け，過疎化による人為的圧力の低下，など多岐にわたっている．その背景を制度面に求めるとすれば，生息地に影響を与える国有林の管理と，天然記念物制度の影響を指摘することが可能である．森林管理については問題発生当時から原因の1つとして指摘されていたが，因果関係の立証が困難である一方で，林業への影響も無視できないため，作業の現場における配慮にとどまっていた．天然記念物制度は，サルの保護を制度的に担保すると同時に，観光資源化の効果ももたらした．その一方で，サルの価値がもっぱら肯定的なものに限定されるような効果もあった．また，地域住民にとっては「国のもの」と位置づけられ，関与しにくい，あるいは関与できないものであるとされてしまった．

人間の関与という面では，サルの保護のために始められた餌やりの影響は

無視できない．餌やりはサルの生息数の急増や人慣れという影響を与えた．このことはサルの生態を変化させたという意味では，ニホンザル問題に与えた影響は少なくない．ただし，餌付けを行っていない他地域においてもニホンザルの問題が発生していることを考慮すると，主たる原因とはいえない．

いいかえれば，現在の問題はさまざまな人がそれぞれの立場でサルにかかわってきた結果といえる．あるいはサルにかかわってこなかった結果ともいえるかもしれない．

4．ニホンザル問題と地域住民

（1）　サルに対する地域住民の心象

このような経緯のなかで，地域住民とサルは必ずしも平和裡に共存してきたわけではなかった．一見したところ，この地域での問題はサルの保護と地元地域との対立と妥協の歴史であるようにもみえる．だが，地域住民への聞き取りでは，被害を与えるサルとの共存を受け入れてきたという態度も認められる．こうした共存の背景には，地域住民が保護を始めたという経緯への理解や，サルへの寛容な態度，あるいは排除も含めてさまざまな出来事を重ねてきたという歴史性も影響している．つまり，この問題は保護と被害の対立ではない．

地域住民がサルとかかわる状況はさまざまであり，それぞれの状況に応じて多様な心象を抱いている．以下に示すのは，ある住民への聞き取りの結果である[5]．サルは農作物に被害を与え，場合によっては人家に侵入する．その意味では害獣である．

> トウモロコシでも実っこついできて（実がなってきて），その頃になれば採りに来るんだよね．なってるの解ってるみたいだよ．だはんで（だから）私の所ではもうトウモロコシはつけてない（植えていない）．
> （畑には）電気柵やっても入ってくるんだよね．網の中から入ったりとか．

---

[5]　ここで紹介しているのは在村年数約20年の女性への聞き取りをもとにしている．語りの内容は可能な限り再現し，この地域特有の単語については，カッコ内に適宜標準語を掲載した．

ハウスとか作ればいいんでないがっていうんだけどさ，ビニールやってれば，それもひっかいで穴開けちゃってね．
　　追い出すってば（追い出そうとすれば），まずぽる（追い回す）じゃない．そいで一一生懸命あっちゃこっちゃってやってだっきゃ（やっていたから），裏の方さこう行ったからさ，裏のドア開けて出してやったのさ．もう1回はさ，家の旦那もいだんだけど，今度こっちまで（居間まで）来たわげさ．ここまで来れば逃げられないどごでさ．そごさ，まだ戻っていってさ，その時は玄関から出たのかなぁー．
　　普通は家にいる時は開けとくんだけど入ってくるんだもん．1回私さ，外に出るときに，玄関2重になってるでしょ．戸開いだわげさ，外の戸が．私も，ウッて言ったっきゃ（言ったけど）顔と顔が，合わせたこと有るわげさ（笑）．逃げで行ったけども．

　畑の作物が荒らされ，人家に侵入されるという被害に遭っている．近所の家の被害はより深刻であり，

　　入られる家はだいたい決まってるんだよ．そこに結局物あるはんで（物があるので）さ，仏壇ある場所とかも憶えぢゃってで，本当に被害受けてる家は多いよ．小屋さ，カボチャとか置いでれば持ってっちゃう．かなりやられだ人は，集団で入ってお土産（排泄物）置いでいかれたりとかさ．大変だったみたいだよ．

というように，屋内で排泄されるという被害もある．このように被害そのものは顕著である．だが，それがただちにサルに対する被害感情やサルを排除する心象と結びつくわけではない．この住民もときには笑いながら被害を語っている．こうした接触は，以下に示すように，サルの行動特性への理解を促す場合もある．さらには，被害を許容していると解釈できるような発言もある．

　　集団でいる場合はおとなしい．普通にしてれば向こうから攻撃してくるとか，熊みたいに，そういうのはない．こっちから何か仕掛ければ向かってくる感じはあるけど，例えば猿が物を取って持って行きたいのに行き逢えば，捕まるかと思って威嚇はする．
　　慣れたなぁー．あとここら辺で作って売る人ってそういないわげさ．漁業

主だはんで，自分たちで食べるくらい．あきらめ，共存みたいなもんだべのぉー．あきらめっていうが許してるっていうが．

ただし，こうした被害の許容は必ずしも積極的な受容というわけではなく，

　大きい公園みたいなのがあればいいんだけどさ．経費もかかるし，数もやっぱり限りがあるし．そりゃ憎たらしいけど，でも学術的な北限の猿ってこともあるから．

という，ある種のあきらめもある．これらの発言をみる限りでは，サルとの共存はあくまで消極的な選択肢であり，排除が基本的に不可能であることによって，現状への適応が促されているようにもみえる．だが，サルが存在することによる影響は被害だけではない．

　かわいいよぉー．あの子猿とか見れば．春先になればいっぱい下がって来るのさ．そこの電線で綱渡りやるんだよ．
　やっぱり猿も食べるために必死だっきゃ．春先になれば子供産むでしょ．冬に生むんだびょん（だろう）．それで春先になればちっちゃい子猿抱いでる猿さんいるんだいの（いるんだよね）．売ったりする野菜じゃないからさ，私はね．だはんで（だから）食べられてもまぁ．

このように，サルはかわいい動物でもあり，同じ地域に暮らす生きものとみなされている．この住民がサルに対して抱く心象は多様である．憎らしくもあり，恐ろしくもあり，かわいくもある．必ずしも好ましいものばかりではないが，結果的にサルの存在感を明確にしている．こうした存在感の確かさが，サルによる被害を許容する要因になっている可能性はある．

（2）サルに対する心象の揺らぎ

　上に紹介した地域住民は，特殊な例ではない．被害を受ける一方で，それを許容するという被害と被害心情の分離は聞き取りを行った地域住民全体の傾向として指摘することも可能である．表7.2は地域住民への聞き取りにもとづいて，サルによる被害と被害感情の対応を示したものである[6]．被害の

表 7.2 経済的利害と心理的利害

		心　　理　　的　　利　　害							
		−3	−2	−1	0	1	2	3	計
経済的利害	−3		1		1				2
	−2	1	2			1			4
	−1		3	1	1	1			6
	0			1	2	1	1		5
	1				2	1	1		4
	2					1		1	2
	3				1			2	3
	計	1	6	2	7	5	2	3	26

表 7.3 サルとのかかわりの多寡と被害感情の不一致度

		経済的利害と心理的利害の不一致度				
		0	1	2	3	計
かかわりの多寡	1				1	1
	2		5	1		6
	3	5	4			9
	4	2	2	1	2	7
	5	1	2			3
	計	8	13	2	3	26

程度と被害心情には，ある程度関連していることが予想できるが，大きくずれている例も存在する．

また，表 7.3 は被害と被害感情の分離する程度とサルとかかわる頻度の関連をまとめたものである．この不一致度は利害と被害感情の指標の差の絶対値であり，たとえば被害が顕著であるにもかかわらず被害感情が弱い場合には不一致度が高くなる．サルとのかかわりが多い者ほど，被害と被害心情とが一致しない場合が多い．

こうした揺らぎが存在するため，地域住民のサルに対する態度は矛盾して

---

6) データは，青森県脇野沢村住民 30 名を対象とした聞き取り（2001 年 10 月に実施）をもとに構成した．聞き取りを行わなかった複数の調査者が経済的利害・心理的利害それぞれについて評価し，一致度の高い値を採用している．数値の信頼性については一定の留保が必要である．

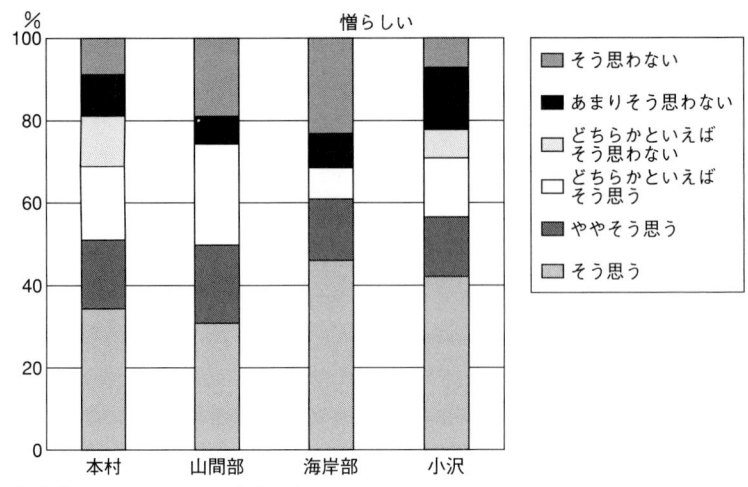

102　第7章　環境意識と生物多様性

図7.2　サルに対する否定的心象

　いるようにもみえる．たとえば，サルの捕獲を主張していた住民が，実際に捕獲が実施されるとサルに同情的になる．2001年の捕獲にあたっては，村当局はサルへの「お仕置き」を集落の住民に依頼したが，住民は作業が始まる段階では家に入ってしまった．さらに，「そこまでしなくても」「かわいそうでできない」「逃がしてやれ」といった発言をするものはいても，直接「お仕置き」をしようとするものはいなかったのである．また，2005年の捕獲によって，サルが人里に出現する頻度は極端に減ったが，このことに対してある種のさびしさを感じる住民もいるという．つまり，サルとのかかわりに応じてある種の揺らぎが存在していることこそが常態なのである．
　こうした揺らぎは質問紙調査でも確認できる．図7.2および図7.3は，サルに対する心象を脇野沢地域内で比較したものである．「憎らしい」／「かわいい」という相反する回答の占める割合は海岸部でもっとも多くなっている．この地域は，サルによる被害の件数がもっとも多く，その期間も長い．このためサルを憎らしいとする回答が多い．その一方で，「かわいい」とする回答ももっとも多い．ここは餌付けが始められた地域を含んでおり，サルとの多様なかかわりの歴史がある．これと対称的なのは小沢地域である．この地域に現れるサルはハナレザルが中心である．群れが現れるようになったのは，ここ2-3年であり，主たる行動域ではない．それにもかかわらず，排除的な

図 7.3 サルに対する肯定的心象

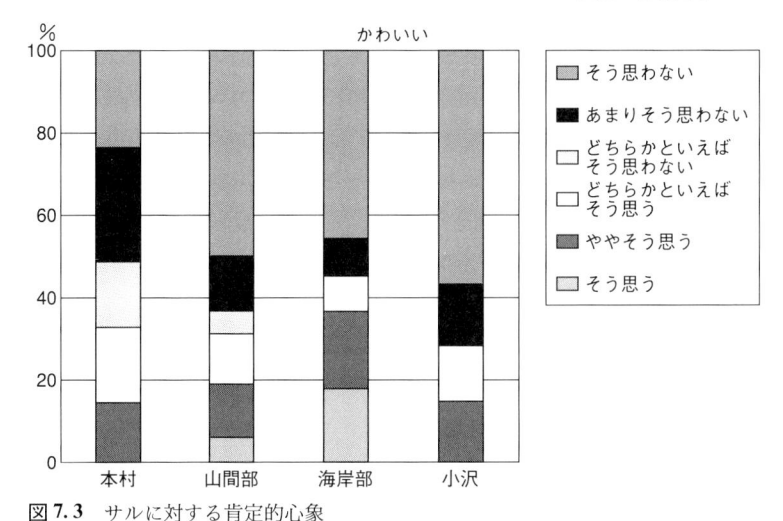

心象はほかの地域よりも明確である．

（3） サルをめぐる諸価値の緊張関係

このように，脇野沢においてはサルと地域住民のかかわりに応じてさまざまな意識が生み出されている．そのなかには否定的なものも含まれているが，これも含めて「さまざまなサル」とでもいうべき，近い自然としてのサルが存在する．また，サルの問題は地域社会とも不可分な関係がある．多くの住民がこの地域の主たる生業であるタラ漁との関連でサルの問題を理解し，自分たちも苦しいのにサルを許す必然がないという．あるいは「サルのおかげで道路が通った」という表現をする．このような意味も含めて，サルはこの土地の生きものなのである．このようにサルが位置づけられているからこそ，共存が可能になっている．

だが，上述したことを根拠に人とサルの共存をイメージするのはあまりにもナイーブな議論である．表 7.4 はニホンザルによる経済的・心理的利害の関係を一般化したものである．脇野沢の事例にひきつけていえば，天然記念物という国民全体の財産とされているニホンザルと共存するための負担が，地元の自治体や地域住民に集中しているという点が指摘できる．この負担は短期的には相対化される場合もあるが，中長期的には被害感情が優位になる

表7.4 ニホンザルによる利害

		地元集落	地元地域(市町村)	地元地域(都道府県)	日本全体地球社会	研究者
利益		野生動物の存在による文化的豊かさ	地域のシンボルとしての価値	地域のシンボルとしての価値	野生動物の存在	研究フィールドの獲得
			観光資源・教育資源	観光資源としての価値	観光資源として利用する価値	研究活動を通じた科学者集団・社会貢献
負担		被害による経済的損失	被害による経済的損失	税金による間接的な負担	税金による間接的な負担	データ収集データ分析(普及啓発資料の作成)
		被害による心理的負担	税金による間接的な負担			
		社会システムを原因とする負担	社会システムを原因とする負担			
		追い払いなどの作業				

要因になる．地元脇野沢においては，文化財として国民全体が便益を受けるものであるならば，その財産を維持管理するための費用や労力も共有するべきであるという主張がある．青森県から支出されている金額は，1年あたり1000万円程度である．いずれの地域においても野生動物による被害に対しては，原則として補償は行われていない．サルによる被害を金銭的価値で評価可能なものに限定すれば，これらの対策費は妥当であろう．あるいは，被害額との関係からみれば過剰であるという評価すら可能になる．だが，さまざまな尺度を用いて被害を限定したうえで，こうした評価が正当化されているということに注意する必要がある．

また，被害を獣害問題として顕在化させる過程，顕在化後に自然保護とのバランスを含めて合意形成する過程にも一定の負担が存在する．こうした社会システムの矛盾としての獣害問題ともいうべき課題が存在する．被害に遭う地域住民は，最初は状況に適応しようとし，その限界を超えた段階で自治体などに働きかける．これを契機として，科学的調査を含めて対策についての議論が始まるが，こうした一連の過程に伴う時間の経過や情報共有のための作業にも負担が発生する．

5. 近い自然と遠い自然

　脇野沢に限らず，獣害問題においては，地元地域がもっぱら被害を強調する場合が多い．だが，実際には上述してきたように，近い自然としてのサルも存在する．その一方で，社会システムによって取捨選択される遠い自然においては，サルの肯定的な価値が強調される．両者の齟齬を原因として，いわゆる獣害問題が顕在化する．

　問題は，被害と保護のバランスではない．また近い自然と遠い自然をめぐる対立ですらない．

　近い自然においては生物多様性に応じて多様な環境意識が動的に生成されている．その一方で，遠い自然においては自然の価値は抽象的に構成され，静的である．両者を動的につなげるシステムの有無が本質的な差異である．逆にいえば両者の乖離が解消するようなしくみが課題になる．政策的な議論に限定すれば，単純に地域での自己決定を尊重するだけではなく，県や国が必要とされる支援を行う補完原則をさらに進める必要があるだろう．また，自然再生事業や特定鳥獣保護管理対策などの生態系の順応的管理を行う場合には，理念構築の段階で地域に存在する多様な価値や知見を組み込む必要もあるだろう．

　だが，これらは近い自然と遠い自然の差異を静的に補完するものであり，両者の乖離を前提としている．むしろ，両者を動的につなげ，社会全体のダイナミズムを促すような取り組みが重要であろう．たとえば，青森県の西目屋村，秋田県の八森町や神奈川県の小田原市，長野県の軽井沢町などでは，都市住民などによるボランティアが追い上げ要員として関与している．こうした取り組みは，防除対策の一環でもあるが，地域住民の被害感情を社会的に共有するためのしくみでもある．八森町や軽井沢町のように，そのボランティア活動を地域間交流や観光プログラムとして活用するということも試みられている．また獣害対策という視点から，都会の市民による里山活動も注目されている．あるいは滋賀県の農業試験場による家畜放牧ゾーニングのように，畑と山林の間に緩衝地域を設け，そこで牛の放牧を実施している事例もある．この対策への地域住民の評価は，むしろ放牧牛という新たな話題ができたことや，憩いの場ができたことに対するものが高い．

これらの取り組みはサルへの対策を意識したものではあるが，それに特化しているわけではない．むしろ副次的効果が強調されている．だがレジャーとしての里山活動など，獣害対策としては副次的であっても，別の主体にとっては主たる動機づけになりうるものもある．つまり，防除対策としても機能しうる行動に対して多様な動機づけをしていることになる．これが多様な主体の関与を可能とし，結果的には防除対策としての効果が現れる可能性もある．

　生物多様性が社会にもたらすのは，豊かさだけではない．しかし，自然からの負荷があることと，その原因を排除することとが直接結びつくわけではない．近い自然と遠い自然を動的につなげることによって豊かさを生み出しつつ，結果的に問題を解決することも可能ではないだろうか．

参考文献
羽山伸一（2001）『野生動物問題』，地人書館，東京．
石弘之ほか編（1999）『環境と歴史』，新世社，東京．
伊沢紘生編（1984）『下北のサル　第2版』，どうぶつ社，東京．
嘉田由紀子（2002）『環境社会学』，岩波書店，東京．
環境省編（2002）『新・生物多様性国家戦略——自然の保全と再生のための基本計画』，ぎょうせい，東京．
鬼頭秀一（1996）『自然保護を問いなおす——環境倫理とネットワーク』，筑摩書房，東京．
ロデリック・ナッシュ（松野弘，訳）（1993）『自然の権利——環境倫理の文明史』，TBSブリタニカ，東京．
丸山康司（2006）『サルと人間の環境問題』，昭和堂，京都．
三戸幸久・渡邊邦夫（1999）『人とサルの社会史』，東海大学出版会，東京．
高橋春成編（2003）『滋賀の獣たち——人との共存を考える』，サンライズ出版，滋賀．
鷲谷いづみ・草刈秀紀編（2003）『自然再生事業——生物多様性の回復をめざして』，築地書館，東京．

第8章
保全生態学が提案する社会調査

渡辺敦子

1. 伝統的生態学的知識（TEK）とはなにか

　人類史の大部分の期間を通じて，身近な動植物の性質や利用法，洪水や旱魃などの自然災害に対応する工夫，資源を枯渇させずに利用する方法などの，ヒトを含む生物と自然環境とのかかわりに関する知識は，日々を生き抜くために重要な知識であった．これらの事柄について，人々が経験的に獲得し，世代間の文化的な伝承を経て発展させる地域的な知識は伝統的生態学的知識（traditional ecological knowledge; TEK）とよばれ，伝統的な社会では，現代科学をしのぐ豊富な知識が共有されていることもある．たとえば，Wangほか（2004）によると，中国・雲南の少数民族であるダイ族は，地域の1000種以上の植物を個別の名前でよび，植物分類学の専門家よりも詳細なリストをより短時間で作成できるという．多くの試行錯誤の末に獲得され，実践的な応用を通じて洗練されたTEKは，地域の生態系に「適応」したヒトの営みを可能にしていたといえる．

　しかし，新しい技術の発達や都市化および経済のグローバル化に伴い，人々の生活環境や生活様式は大きく変化した．世界人口の約半数が都市に居住する現在（UNFPA 2001），TEKは急速に失われつつある地域固有の文化であり，それ自体が保全の対象でもある．現在では，生物多様性条約（UNEP 1992; 第8条j項）をはじめとする国際的な取り決めにおいても，生物の多様性の保全および持続可能な利用を実現するうえで，伝統的な知識や自然資源管理の慣行を尊重し守り伝えることの重要性が認識されている．

　日本の里地・里山においても，伝統的な人の働きかけは生物多様性保全に大きな役割を果たしてきた．これまで丘陵地の雑木林-ため池-谷津田の管理

図 8.1 潮来市南部の水郷地域位置図．右上は明治 18 年，右下は平成 12 年の地形を示す．明治の地図上で示される網目は水路（エンマ）だが，平成の地図上で示される碁盤目は道路である．

に関連して言及されることが多かった里山の自然資源管理（田畑 1997；武内ほか 2001）であるが，水辺に近い河川の氾濫原や下流の低湿地もまた，人の営みと深いかかわりの歴史をもつ場所である．

　水郷は，おもに河川下流の三角州などに広がる水辺の里地であり，国内では，利根川下流の潮来地域ほか，木曽川下流の輪中，筑後川下流のクリーク地帯などがあげられる．このうち，茨城県南部の潮来地域（図 8.1）は，明治の文豪である田山花袋が「霞ヶ浦から北浦にかけての水郷の美はだれも知らぬものはない」と評した日本の代表的な水郷である．潮来地域は，かつてはエンマ（江間）とよばれる水路が網目のように張りめぐらされ，人々は歩く代わりにサッパブネ（笹葉舟）とよばれる農船に乗ってエンマを行き交う暮らしを営んでいた．この地域の伝統的な景観は，風情あふれる観光名所として江戸時代から名高いものであり，またそれ以上に豊かな自然の恵みと人

の働きかけが織りなす生産と生活の場であった．

しかし，潮来地域を含む霞ヶ浦・北浦流域でも，昭和30年代ごろから，干拓や築堤などによって水辺のエコトーンが減少し，流入栄養塩の増加などにより水質の悪化が進んだ．さらに常陸川逆水門の閉鎖や耕地整理，コンクリート護岸により低湿地は川や湖，そして海からも切り離された．また，最近では，外来魚の優占やコイヘルペスウイルスの蔓延など生態学的な不健全性が顕著になっている．この間に，エンマと湿田の広がる風景は一変し，現在の潮来にはかつての水郷の面影はほとんど残されていない．

2. 対面調査から自然再生の道しるべを得る

この地域での自然再生のあり方を考えるにあたり，私たちは，潮来地域に暮らす人々の身近な自然環境にかかわる経験や知識の変遷，およびその再生に対する願いや不安などを明らかにすることによって，再生目標の設定に関する合意形成の基礎資料とすることができるのではないだろうかと考えた．

そこで，人々が子ども時代を過ごした時期による世代間の自然認識の格差を明らかにするため，10代から80代までの三世代を対象とする社会調査をデザインした．調査は，潮来地域に代々継続して在住する世帯のうち，水や水辺にかかわりの深い職業（漁業，農業，船大工，船頭など）についてきた家族を対象とすることとした．そのために，まず市役所，商工会議所，漁協，小中学校，市民団体などへ調査の趣旨説明と調査協力を要請し，該当する世帯の紹介を依頼した．紹介された世帯へ書面と電話で調査協力依頼を行い，承諾のあった世帯を訪ねた．このような抽出法を，スノーボールサンプリング（Maykut and Morehouse 1994）という．

その結果，20世帯76名の回答を得た．回答者は，生誕年にしたがって三世代にグループ化された．すなわち，高年層（1938年以前に生まれ，内浪逆浦干拓事業をはじめとする地域の水辺における大規模開発事業が開始される以前に子ども時代を過ごした世代，調査時年齢65歳以上80歳以下），中年層（1938年から1967年までに生まれ，地域の水辺における大規模開発事業が進行する期間に子ども時代を過ごした世代，調査時年齢35歳以上65歳未満），若年層（1968年以降に生まれ，地域の水辺の環境悪化が顕在化して

から子ども時代を過ごした世代，調査時年齢13歳以上35歳未満）である．

これらの回答者との対面による聞き取り調査や，写真の提示による生物の認識率調査を組み合わせた社会調査により，地域住民の生態系に関する経験・知識とその獲得経緯の世代間の変化，再生したい自然のイメージなどを分析することを試みた．

3. 伝統的な水辺の暮らしとその生態学的意義

まず，潮来地域における伝統的な管理慣行とその生態学的意義を明らかにするため，私たちは，伝統的な自然資源の利用と管理の方法や，身近な動植物とのかかわりについて対面による親世代回答者の聞き取り調査を行った．この世代は，潮来地域の水辺における大規模な開発以前に子ども時代を過ごした経験をもつため，伝統的な自然と人のかかわりのあり方により近い知識や認識をもつと思われる．できるだけ多様な情報を引き出すため，比較的自由な会話を基盤とした対面調査によって，回答者の子ども時代の自然体験やその際に認識された自然環境の様子，人と自然のかかわりのあり方を聞き取った．ここから，当時の人々の水辺における自然資源管理やそれにまつわる知識や態度をうかがい知ることができる．また，そこから保全生態学的な意義を考察した．

（1）水の恵み

大規模開発以前の水郷の暮らしを特徴づけるのは，豊富で清浄な水の恵みである．「水は家の前の水路でも汲んだけれど，お茶を沸かす水は舟でカワ（北浦）の水を汲んでくる．味があっておいしかった」「水はほんとうにきれいだった．水草の間に魚がすっすっと入っていって，キラキラと光る様子がよく見えた」などのように，水の美しさや資源としての質の高さと豊富さが多くの人々の口にのぼった．それは，多くの場合，現在の悪化した水環境との対比として語られた．また，「水草や水辺の植物が浄化していた」「タンカイ（カラスガイ）が水をきれいにすると聞いた」「潮の上げ下げがあると水が生き返る」などの自然の浄化作用に関する知識や，「風呂の水とか生活廃水は庭につくった『ドブ』とよばれる溝に捨てて土壌へ浸透させる」「洗濯

時間と炊事の時間をずらしていた」「ダシッパタ（出し端；居住地域から舟へ乗り降りする施設．ここで洗濯や米とぎもした）を汚すと怒られた」などの，水の利用と排水に関する施設的・慣習的・心理的なしくみが水に関する記憶として想起される様子から，人々の水との日常的なかかわりをうかがい知ることができる．日々，自ら汲み上げて利用し，排水処理の如何が直接的に自分の利用する資源の質を左右するという状況が，身近な水域の汚染を避けることにつながっていたと思われる．

（2） 水草の利用

潮来地域の水辺には，マコモやヨシなどの抽水植物，アサザやガガブタなどの浮葉植物，ササバモやコウガイモなどの沈水植物が生育しており，資源として人に利用されていたものも多い（表8.1）．

農閑期には，エンマや近隣水域の浅瀬に生えるモク（沈水植物）を「舟の上から，モク採り鈎（図8.2A）で絡め採る」方法で収穫し，田畑へ入れて緑肥とした．昭和初期ごろまでは，コウガイモなど特定の種類のモクを「落し紙」代わりに利用し，さらにそれを下肥としていたということも聞かれた．明治時代には，モク採りは許可制となり，藻場を地域内の管理組合で管理し，

表 8.1 潮来地域の伝統的な植物利用とおもな用途

対 象 種	採取法・採取部位	用　　　　途
コウガイモ	モク採り鈎/カラメ竿で絡め採る	緑肥，落し紙
ササバモ・ヤナギモほかの沈水植物	モク採り鈎/カラメ竿で絡め採る	緑肥
ヒ　シ	実を集める	食用
マコモ	葉茎を刈り取る	ムシロ・盆舟
	根を掘り出す	食用
ヨ　シ	葉茎を刈り取る	ヨシズ
		屋根葺き
		遊び（ヨシ笛・ヨシ舟）
ガ　マ	葉茎を刈り取る	屋根葺き
	穂を刈り取る	蚊遣り　ほぐして遊ぶ
ショウブ	葉茎を刈り取る	祭礼資材
		風呂へ入れる
アズマネザサ	地上部を刈り取る	ササビタシ漁の粗朶
		ツクシやハネバリの仕掛け
マツ・シイ・クヌギ	伐採・（根ごと掘り取ることも）	オダ漁のための漁礁をつくる

A さまざまな伝統的漁具

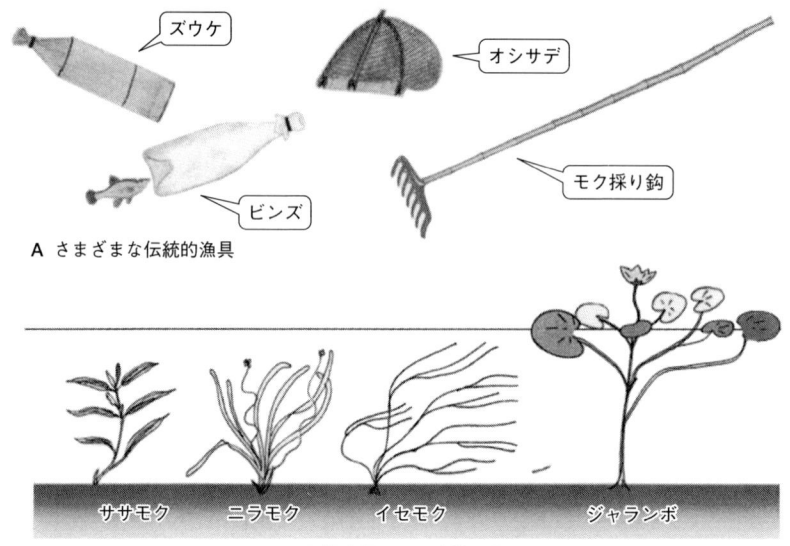

B 民俗分類される多様な水草

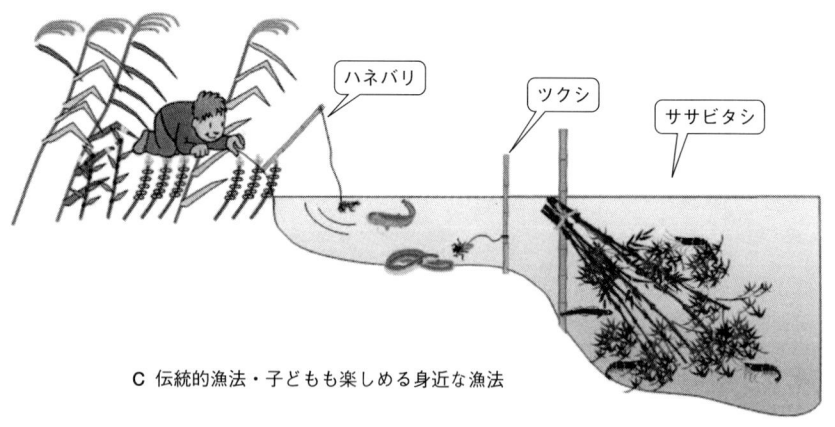

C 伝統的漁法・子どもも楽しめる身近な漁法

図 8.2 聞き取り調査から明らかになった大規模開発以前の潮来地域における身近な水辺の生きものに関する知識と漁具・漁法（イラスト：重根美香・渡辺敦子）

利用頻度や利用者の規制をしたという報告があるが（冨山 1994），実際には多くの農民がエンマなどで採草していたようである．

　戦後に化成肥料が普及するまでモクは低湿地での水田耕作には貴重な肥料であり，ササモク（ササバモ），ニラモク（コウガイモ），イセモク（イトモまたはリュウノヒゲモ）などのよび名で民俗分類されている（図 8.2B）．そ

れに対して,「モクは水の中に生える.水の上(水面)に生えるのは,ジャランボといった.舟の櫓に絡まる邪魔ものだから」といわれるように,果実を食用にしたヒシ以外の浮葉植物は,おおむね「ジャランボ」とひとくくりにされ,人が利用する資源としての価値は認識されていない.また,水田で草取りに苦労した経験をもつ人々は,ヒルムシロやウキヤガラなどを雑草として明確に認識し,除草作業をすることのなくなった現在でも「厄介者」として記憶している.

マコモ・ヨシ・ガマなどの抽水植物は,ヨシズや屋根葺き材のほか,ムシロやカマスのような藁工品の材料として利用された.ムシロは,現代のビニールシート,カマスは袋やダンボールのように用いる包装資材であり,紙やビニール製品が普及するまでは農作業や生活上の必需品であった.稲藁やヨシでつくるものとは別に,マコモもやはりムシロに編むが,水際に生えるマコモは浄化をイメージさせるものでもあったようである.人々にとって,マコモムシロは,「藁ムシロよりも清潔な感じがする」ものであり,餅やお盆のお供えものを並べるのに使った.

水郷の農家にとって,ムシロは貴重な現金収入源となるため,どの家でも織り機をもっており,秋口に水辺で刈り取った植物を織った.湖岸や河岸,入り江などに自生するマコモやヨシは,法律上は建設省(当時)の管轄であるが,慣習的には水田の地先のヤワラ(水辺の植生帯)はその水田の所有者が利用していた.しかし,「よいヨシが生えているのをみると,(他人のものでも)やっぱり刈りたくなる」と語られるように,その所有権は(少なくとも昭和初期の時点では)さほど重要ではなかった.それというのも,「なにしろ無限にある」というほど水辺の植生帯のバイオマスは豊富であり,「いくら刈っても,また翌年には生えてくる」というように,栄養繁殖するヨシなどの抽水植物は成長を終えた時点で葉茎を刈り取っても,地下茎が残っていれば翌年には再生可能だったためである.

ヨシのような高茎草本は,放置されると水辺の植生帯を優占し,ほかの植物の生育を阻む.また,枯れた葉茎が厚いリター層をつくり,それによって土壌内の貧酸素化が進み,ヨシ自身の根毛や芽などの成長を阻害することが知られている.人による水辺の植物の利用には,単一植生にギャップを形成して多種共存を促すほか,リター蓄積の軽減により植生帯全体の健全性を保

つことや，同化作用によって植物体に蓄積された水中の栄養塩の回収などの効果があったと思われる．

(3) 水路・耕作地の管理

水路の管理は，舟をほぼ唯一の交通手段とする水郷の人々にとっては重要な仕事であった．ミイコ（居住地周辺の小規模な水路）の掃除は各戸で行うが，いわば公道にあたる大きなエンマ（江間）は，毎年農作業が始まる前に地域の共同作業として管理を行った．これは，カッポシ（割干し／掻干し）とよばれ，エンマの一部区間を堰き止めて水を汲み干すことにより，底泥を浚う作業である．このときに，逃げ遅れた魚や泥のなかにすむ貝などをオシサデ（網）やズウケ（筌）（図8.2A）とよばれる漁具で捕らえた．浅い泥水のなかを跳ねまわる魚を捕らえる興奮は，調査中にもいきいきと語られ，カッポシがたんなる施設管理以上に，子どもも楽しめる地域のイベントでもあったことをうかがわせる．

また，浚い上げた底泥は水田やクロ（畦畔）へ上げた．水郷の耕作地は，水の侵食を受けやすく，恒常的に田や畦を維持管理する必要があったためでもあり，底泥の有機栄養塩が地を肥やすことにもなったためである．クロは畑として利用し，豆や野菜を育てた．乾いた土地の少ない水郷では，畦畔栽培によって家内消費用の食料を補っていた．

このような作業は，生態学的には，水路のなかで堆積する有機栄養分を除去するほか，攪乱による多種共存の促進，底質への酸素供給，流水環境の維持，海・川・湖との連続性をもつ水辺ネットワークの維持などさまざまな効果をもつものであり，水路網の生物多様性の維持にとって重要な役割を果たしていたと思われる．

(4) 伝統的漁撈

霞ヶ浦・北浦・外浪逆浦・常陸利根川などに囲まれたこの地域では，古くから漁撈が行われ，縄文貝塚からも多くの漁用の錘が発見されている．江戸時代には湖や川は入会になっており，漁法や漁期の制限を定めて管理していたとされる（鈴木 1985）．

漁法や漁具は，対象とするそれぞれの生物の生態や生息地に合わせたもの

であり，多くは近隣の里山で得た材料を用いて作製される．たとえば，ササビタシはアズマネザサを束ねた粗朶を水底に沈め，テナガエビが入り込んだ頃合を見計らって引き上げるという素朴な漁法である（図8.2C）．オダ漁は，やはり里山の松の木を根ごと沈め，コイがすみ着いたところを竹の棒でたたいて網へ追い込む．これらの漁は許可制であり，漁業権をもつ漁業者のみが用いることのできる漁法であった．

一方，エンマや湖岸・河岸の浅瀬，あるいは水田内での小規模で自給的な漁撈は広く日常的に行われていた．身近な水辺での魚捕りは子どもから高齢者まで容易に楽しめるものが多く，地域の人と自然のつながりを豊かなものにしていた．

エンマで行われた代表的な民間漁撈の1つにツクシとよばれるウナギ漁がある（図8.2C）．「（ツクシの）仕掛けは裏山の篠竹（アズマネザサ）を刈ってきて自分たちでつくった．前の晩，棹に釣り針を結びつけ，トンボのヤゴなどを餌にしてエンマの底泥に百本くらい挿しておく．翌朝見回るのがどきどきしてね．まわりじゅうみなやっていたから，ほかの子どもに捕られないように，早起きして」というように，簡単な仕掛けで捕れ，現金収入を得ることもできたウナギは，昭和初期に水辺で子ども時代を過ごしたほとんどの人が捕獲経験をもつ．ウナギは，そのほかにも水中にズウケ（筌）（図8.2A）やウナギ鉤とよばれる漁具を用いて捕獲されている．

タンカイ（カラスガイ）もまた，水郷の人々には身近な魚介類であった．浅い水域を足で探って拾うことができたほか，砂の上に水管を伸ばすタンカイを水の上から見定めて，開いている貝に棒を差し込むという方法で捕ることもできた．このようにして捕れたタンカイの中身は食用にし，貝殻はボタン工場に買い取ってもらう．「カワは銀行のようなものだったの．お金が必要になったら，カワへ行ってタンカイを掘ってくればよかったから」という言葉は，水辺の自然資源の恵みに対する信頼感にあふれている．

また，多くの人々が「田に魚が上ったとき」の話をした．出水時には，コイやフナが水田に上がり，それを手づかみやサデなどで捕らえた．出水は，本来はコメの生産という観点からは否定的にとらえられるものと考えられるが，実際には毎年の出水で稲が壊滅的なダメージを受けることは少なく，むしろ田が水に浸かったときにカワからもたらされる恵みを受け取る機会でも

あったのではないだろうか．

　すなわち，潮来地域の伝統的な低湿田とそれをめぐる水路網は，コメの生産の場としてだけではなく，漁撈や畑作，植物資源の採取の場，あるいは子どもの遊び場，祭事の場，水上交易の場などとしての複合的な価値をもった場所であり，人々はそのなかでおおむね自給的な生活を送ることができた．また，身近な水辺は多様な動植物のにぎわいに満ちた場所であり，人による利用や管理がそれらの生きものの生息・生育環境を維持することにもつながっていた．

　水郷での伝統的な人の営みは，労多いものであった一方で，陸域から水域へ連なる生態系の生み出す豊富な資源の循環的な利用による持続可能な社会生態系システムが形成されていたものと考えられる．

4. 身近な水辺の生物認識と再生すべき自然のイメージ

　つぎに，人々が身近な水辺の動植物についてどのような知識をもち，その知識がどのような獲得経緯によるものなのかを調べるために，前出の三世代76名の回答者に対し，視覚的な補助資料を用いた質問紙調査を行った．

　質問紙では，人々が水辺で過ごした経験の指標として，おおむね13歳になるまでの子ども時代に，1週間に平均何回水辺を訪れたのか，訪れた場合はその訪問の目的を問うた．さらに，この地域に普通に生息・生育する，あるいはしていた水生植物33種と魚介類30種の写真を回答者へ提示して，実体験にもとづく認識（捕獲・採取・みたことがある），実体験にもとづかない認識（みたことはないが名前は知っている，映像や標本などをみたことがある），みたことがない，わからない，の選択肢から回答を得た．写真提示した全種数のうち，実体験にもとづく認識が可能な種数の割合を，その回答者の生物認識率とした．実体験にもとづかない認識が選択された場合には，重ねてその主要な情報源を質問した．また，回答者が自然再生事業によって取り戻したいと考える自然やその要素のイメージを自由回答（複数回答を認める）によって聞き取った．

　その結果，在来種の生物認識率は回答者の生誕年が早いほど高く，遅くなるにしたがって低くなることがわかった（図8.3）．また，水辺を訪れる頻

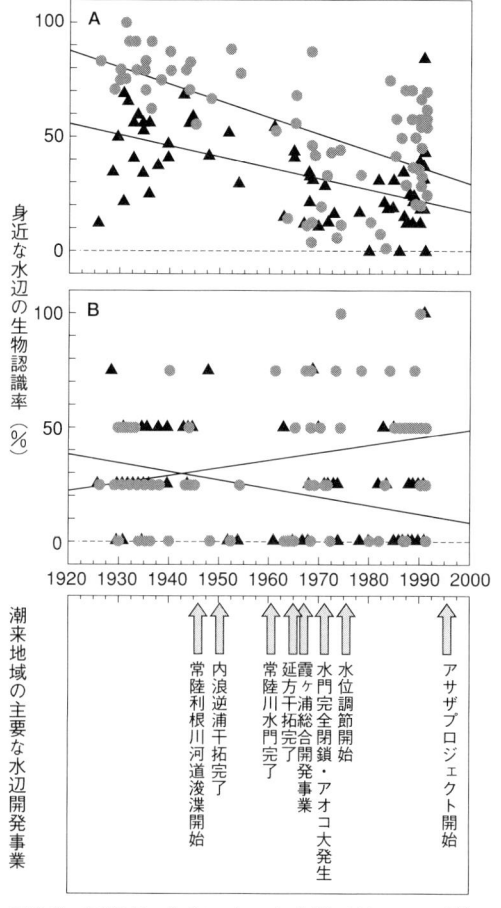

図 8.3 回答者の生年による在来種（A）および外来種（B）の生物認識率と潮来周辺地域における主要な水辺開発事業.
▲：魚介類，●植物を示す.

度も，同じ傾向を示した．このような自然経験および生物認識率の低下と，潮来周辺の水辺の開発の進行は同調的に起きている．つまり，水辺の大規模な開発が始まる以前に子ども時代を過ごした世代（親世代），開発が進行する最中に子ども時代を過ごした世代（子世代），水辺の環境改変による環境の悪化が顕在化してから生まれた世代（孫世代）と，世代を追うにつれて，

表 8.2 潮来地域の水辺に取り戻したい自然として回答された要素

	水	生　物	景　観	地域連携・人間心理
親世代	●泳げる ●透明な ●飲める ●安心できる ●濁りのない ●臭わない ●ご飯を炊ける ●生きものがすめる ●水の流れ ●潮の上下 ●水中の酸素	●湖岸植性帯 ●ヨシ原 ●在来の動植物 ●水　鳥 ●いろいろな生きものの姿	●水郷らしい風景（コンクリート護岸ではなく） ●サッパ舟でエンマを渡るような情緒あふれる景色 ●茅葺屋根	●人　情 ●水辺遊びをとおして子どもが人間関係を学べるような場所 ●水を大切にする気持ち
子世代	●泳げる ●透明な ●飲める ●魚が泳ぐのがみえるような	●タナゴ		
孫世代	●泳げる ●水質のよい ●飲める	●昔いた魚		

水辺遊びや家業の手伝いなどを通じた実体験にもとづく水辺の生きものの認識率が低下している．

一方，ブルーギルやブラックバスなどの一部の外来種については，世代を追うごとに認識率が高くなっている．また，孫世代は「みたことはないが知っている」という回答の割合が多く，その場合の主要な情報源は，本，テレビ，インターネットなどであった．

このように，身近な環境とのかかわりの機会や場がすでに失われ，自然環境に関する知識の獲得経緯が変質するなかで生まれ育った世代にとっては，生物相のように自然を構成する個々の要素のみならず，人と水辺の自然のかかわりのあり方をイメージすることがむずかしい．外来種の優占，衛生や健康への影響，アメニティや観光資源としての価値の低下など，現在の霞ヶ浦・北浦流域の水辺環境への不安感はどの世代でも強い反面，水辺に取り戻したい自然のイメージは世代を追うごとに多様性を失っていく（表 8.2）．つまり，大規模開発の始まる以前の水辺を知る親世代の人々が，水辺のエコトーンを構成するさまざまな要素を取り戻したい自然として思い浮かべるの

に対して，若い世代があげるのは，「飲める水」「泳げる水」など，水質にかかわる要素ばかりである．水辺の生態系における，さまざまな要素の関係性という空間的なつながりを実感する経験を失った世代の人々は，日常の営みを通じた生態学的知識の伝承という時間的なつながりも失いつつある．

5. 伝承に代わる役割を担う市民参加型自然再生

　水田をめぐる稲作漁撈の伝統的生態学的知識の衰退について，これまでにその現状を経験的に把握した報告は少ない．しかし，人と自然の関係性に関して，数千年単位で脈々と受け継がれてきた伝統的な知識体系が近年急速に失われつつあることは，おそらく日本のほかの地域，また急激な工業化の進むアジアの多くの国や地域でも共通の現象であると思われる．

　生物多様性と同様，TEK を含む地域固有文化は，本来の暮らしの場での自然的・社会的環境とのかかわりのなかで発展し，継承されることによってはじめてその意義を発揮するものといえよう．「持続可能な人と自然のかかわりを取り戻す」という際に重要なのは，伝統的な人と自然のかかわりに内在する生態学的な意義を見極め，それを現代の状況に適うかたちで再生することである．

　潮来地域を含む霞ヶ浦・北浦流域では，1996 年から市民参加型自然再生事業アサザプロジェクトが実施されている．アサザプロジェクトでは，流域の小中学校を中心に 170 校（2005 年 6 月時点）の校庭にトンボ池型ビオトープをつくり，活動のシンボルである絶滅危惧植物アサザの生態と湖沼の環境とのかかわりを軸にしたテーマの出前授業や，身近なお年寄りに昔の生活と水辺とのかかわりを聞き取る学習課題，在来の水草の移植などを組み合わせたプログラムを通じて，湖とその流域の環境保全を学ぶための実践的な保全教育を行っている．

　潮来地域の小学校には，活動のもっとも初期からトンボ池がつくられ，出前授業を受けたことのある子どもも多い．今回の調査における孫世代回答者のうち，出前授業を受けるなど，アサザプロジェクトの活動に参加したことのあるグループと，参加したことのないグループに分けると，参加したグループはアサザやメダカなど，プロジェクトに関連する主要な生きものを認識

できる人の割合が高いことがわかった．前出の図8.3をみると，孫世代のなかでももっとも若い回答者の生物認識率の分布が同世代のほかの年齢の回答者よりも若干高くなっている．このアサザプロジェクトに参加した子どもたちが，孫世代のもっとも若い年齢層の回答者の生物認識率を高めていたのである．

　伝統的な社会では，日々の営みのなかでの実践的な学びを通じて，地域の自然の特性を知り，そこで生きる知恵や技能を年長者から受け継いできた．アサザプロジェクトは，伝承を担う地域の社会的な機能や固有の自然環境が失われつつある今日において，ビオトープという模擬的な自然や学校教育，伝統技術の見直しなどを通じて失われたつながりを取り戻そうとしている．地域の子どもたちが，プロジェクトを通じて地域の文化，その土台となっている地域固有の自然環境についての理解を深め，関心の幅を広げるという参加のダイナミズムが，自然再生事業を支える地域的な素地づくりにつながっていくことが期待される．

6. 心のなかの生物多様性を蘇らせる

　今回，親世代の回答者の聞き取り調査中には，写真資料を提示した生物種のほかにも，よくみかけた，捕獲した，昔は多かったがいまはすっかりみられなくなったという多様な生きものの名が話題にのぼり，そのなかに，「ヒトダマ」があげられた．夏の夕方，北浦の近くで頭の高さをふわふわと浮かぶ光るものを何回か目撃したというこの回答者の意識のなかでは，ヒトダマも生物に近い分類に入るようである．このエピソードは，現代科学とは異なる伝統的な自然認識のあり方や世界観の一端を示している．

　一方，汽水の低湿地に生息する発光性のビブリオ細菌が湖のユスリカ幼生に寄生し，羽化したユスリカの蚊柱が光ってみえたのではないか，という解釈もある（加藤真 私信）．江戸時代に編まれた百科事典『和漢三才図会』や随筆集『耳囊』にもヒトダマが飛行性の昆虫であることを示唆する記述があり，また，外波逆浦をはさんで潮来の対岸にある佐原地域には，かつて国の天然記念物に指定されたホタルエビがいた．これも，ヌカエビに発光性ビブリオが寄生したものであった．現在，水郷の汽水域にだけ生息したというホ

タルエビは絶滅し，ユスリカも減少している．

　北浦のヒトダマが実在したのか，そしてそれが生物であったのかどうかは，もはや確認のしようがない．いまは当時を知る人々の記憶にかろうじて残るのみである．しかし，ユスリカやジャランボなど，同様に人々の心のなかから消えていきつつある霞ヶ浦・北浦の水辺の多様な生物の多くは，分布や個体数を減じながらも存続している．また，目にみえる地上の群落からは姿を消していた植物種も，土のなかに眠っていた種子を用いた湖岸の植生復元事業によって，確かに蘇りつつある（Nishihiro et al. 2006）．再生された水辺やそこに暮らす動植物が残された種の生息・生育環境が整えられることに加えて，それらの多様な生きものとかかわりや，生きものをめぐる人と人とのかかわりの記憶が，再び人々の心のなかでいきいきと蘇るようになることが，ほんとうの自然再生といえるのではないだろうか．

参考文献

Maykut, P. and Morehouse, R. (1994) Beginning Qualitative Research: A Philosophical and Practical Guide, Falmer Press, London.
Nishihiro, J., Nishihiro, M. A. and Washitani, I. (2006) Assessing the potential recovery of lakeshore vegetation: species richness of sediment propagule banks. Ecological Research 21 (3): 436-445.
鈴木久仁直（1985）『利根の変遷と水郷の人々』，崙書房，千葉．
田畑英雄編（1997）『里山の自然』，保育社，大阪．
武内和彦・鷲谷いづみ・恒川篤史編（2001）『里山の環境学』，東京大学出版会，東京．
冨山暢（1994）『よみがえる霞ヶ浦――生成 過去 現在 将来』，茨城新聞社出版局，茨城．
United Nations Environmental Programme ［UNEP］(1992) Convention on Biological Diversity. URL http://www.biodiv.org/chm/conv/default.htm
United Nations Population Fund ［UNFPA］(2001) State of World Population 2001, United Nations Population Fund, New York.
Wang, J., Liu, H., Hu, H. and Gao, L. (2004) Perticipatory apporach for rapid assessment of plant diversity through a folk classification system in a tropical rainforest: case study in Xishuangbanna. Conservation Biology 18 (4): 1139-1142.

第 III 部
生物多様性モニタリングのフィールドから

イラスト：鷲谷　桂

第9章
「害鳥」は地域を結ぶ「宝」になれるか
宮城県・蕪栗沼周辺の田んぼをめぐる取り組みを通じて

菊池玲奈・鷲谷いづみ

1. ガンのいる風景——はじめに

　頬が凍る寒さのなかで「キャハハン，キャハハン」という高い声が，遠い空から響いてくる．やがて空の端に黒髪のような細い筋が幾重にも浮かび上がる．黒い筋は，みるみるうちに翼をはばたかせる水鳥のシルエットとなり，リーダーに導かれた美しいV字型の編隊が頭の上を飛び抜けていく．四方八方から現れた数万羽の群れは，眼前に広がる沼の上空でつぎつぎと合流し，突然，みえない結び目がほどけたかのようにはらりはらりと水面に落ちていく．この光景は，日中，採食のために周辺の田んぼに出かけていたマガンたちが（図9.1），日没とともにねぐらである沼に帰ってくるたび，日々繰り広げられる．

　ここ宮城県田尻町（現大崎市田尻）の蕪栗沼は，縄文時代からの湿地の原風景をとどめているといわれ，絶滅危惧種を含む1300種以上もの生きものが生息している．とくにマガンの越冬地としては世界有数で，ピーク時には最大約6万羽もがこの沼をねぐらとして利用する．かつてガンたちは，日本人の文化に深く溶け込んだ身近な存在であった．その名残は「雁首をそろえる」「がんじ（雁字）がらめ」といった言葉にいまもみることができる．しかし乱獲による個体数の減少，ねぐらとなる湖沼の干拓による消失，日中の採食・休息場となる水田環境の悪化（減反や転作，道路敷設など）などにより，1960年以降急激に分布を縮小した．現在では，環境省のレッドデータブックにも記載されている．

　1971年の天然記念物指定以降マガンは徐々に数を回復し，とくに1985年以降，日本への飛来数は急増している．しかし，消滅した越冬地の再生が伴

図 9.1 マガン *Anser albifrons*（NPO 法人蕪栗ぬまっこくらぶ提供）

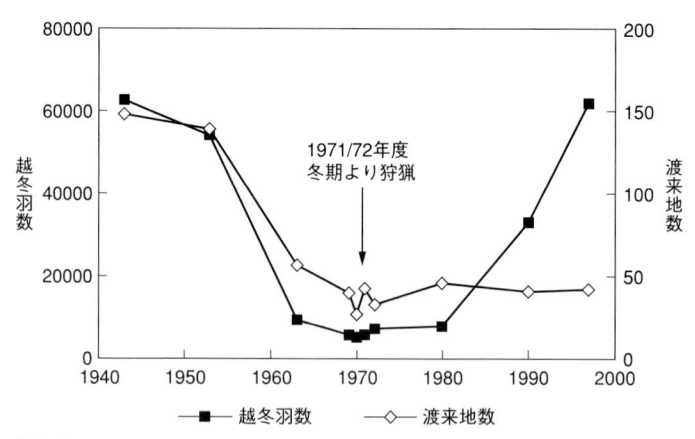

図 9.2 日本におけるガン類の越冬羽数と渡来地数の変化（「日本雁を保護する会」資料）

わないため（図 9.2），現在，蕪栗沼とその北約 8 km に位置するラムサール条約湿地「伊豆沼・内沼」の周辺地域には，日本で越冬するマガン個体群の約 8 割もが集中していると推測されている．

この極端な一極集中により，周辺水田の餌資源の不足，沼の水質に与える悪影響やマコモなどの植物の減少への懸念，伝染病などが発生した場合の致

命的な影響などが危惧されている．

　環境の改善に向け，1997年，蕪栗沼に隣接する白鳥地区の遊水地化に際して湛水管理が開始された．遊水地を沼の一部として機能させることを目的としたもので，創出された再生湿地は50 haにもおよぶ．また2003年からは「ふゆみずたんぼ」プロジェクトに積極的に取り組んでいる．水鳥が飛来する冬期に沼周辺の田んぼに意図的に水を張り，失われた湖沼の代替として機能させる．同時にここでは，農薬・化学肥料を用いない米の生産が進められている．湿地（沼），再生湿地，湿地としての機能を高めた水田「ふゆみずたんぼ」の3タイプをネットワーク化し，地域の生物多様性保全機能と，基幹産業である農業の環境保全機能を向上させることを目的としたものである．農家，行政，NPO，地域住民，研究者などさまざまな人々の連携によって進められているこの取り組みは，「環境と経済の両立」を農業地域において具体的なかたちにした画期的な事例であるといえる．

　しかし，農家にとってマガンは「貴重な稲を食う害鳥」というイメージが強く，田尻町ではつい最近まで保護を口にすることすらむずかしかったという．また，1996年には県による蕪栗沼の全面浚渫計画がもち上がるなど，けっしてもともと自然保護への機運が高かった地域ではない．いったいなにが「マガンとともに生きる」ことを選ばせたのであろうか．地域の人々が生物多様性とその価値を多様な視点から認識し，活用していくプロセスは，市民参加による生物多様性モニタリングとしても非常に興味深い．ここでは，プロジェクトにかかわりのあるさまざまな方々へのインタビューを通じ，要因の一端をさぐってみたい（注：田尻町は，2006年3月の周辺市町村との合併により大崎市田尻となった．しかし本章ではインタビュー当時の「田尻町」を用いて稿を進めるものとする）．

2.「田んぼ」を「沼」に返す——出会いが開いた新しい眼

　「国の政策のために，先祖が切り開いた土地がただ放棄されていく．『雁のため，自然保護のために自分たちの土地が役に立つ』その思いが，自分を救ってくれた」と，元白鳥地区土地改良区長の千葉俊朗さん（61歳）は振り返る．

蕪栗沼に隣接する白鳥地区は 50 ha の国有干拓地であり，田尻町が占有権を取得し，110 戸の農家が稲作を営んでいた．しかし蕪栗沼には 3 本の流入河川に対して流出河川が 1 本しかない．昭和 40 年代，周辺地域の圃場整備やポンプ改良，河川改修の進行に伴う流入水量の急増は，越流堤を超えた水が流れ込む白鳥地区を水害の常襲地帯へと変えた．稲作が現実的に不可能な状態になろうとしていた 1973 年，「白鳥地区を遊水地とするため，占有権を更新しない」旨が，突然国から通達された．補償金を要求する農家と拒否する国との交渉はもつれにもつれた．交渉の前線に立つ千葉さんは，1 円でも多くの金を引き出すことだけを考えていたという．手詰まり状態で迎えた 1996 年，人を介して紹介されたのが「日本雁を保護する会」会長の呉地正行さんだった．

呉地正行さん（57 歳）は神奈川県平塚市の出身だが，ガンに魅せられ，伊豆沼のある若柳町（現栗原市若柳）に移り住んだ．じつは，マガンがこれほど蕪栗沼に集中し始めたのはここ十数年のことであり，それまではおもに伊豆沼・内沼が利用されていた．蕪栗沼をガンたちが利用できる環境にしたいと何度も県や町にかけあった．しかし，数度にわたる鳥獣保護区設置計画は地域住民の賛同が得られず不調に終わった．しかも 1996 年には県による全面浚渫の計画までもが発覚する．呉地さんは，ラムサール条約湿地である伊豆沼・内沼に視察に訪れる人々を，当時はまったく無名だった蕪栗沼にかたっぱしから連れて行った．そして，その手つかずの湿地風景のすばらしさとそこに迫る危機を，一人でも多くに伝えようと孤軍奮闘の最中であった．

「マガンが渡る風景をすばらしいと思いませんか．こんな風景がみられるところは，日本中どこにもないんですよ」呉地さんが誇らしげに語る言葉は，千葉さんにとって驚きだった．沼の開放水面に一番近い白鳥地区の農家にとって，カモとガンの区別すらなく「どこにでもいる鳥」でしかない．食害に憤り「こんな鳥いらない」とずっと思い続けた．鳥獣保護にも先頭切って反対してきた（注：刈り取り前の稲の食害のほとんどはカルガモ，オナガガモ，コガモなどによるもので，マガンによる食害は実際はまれ）．「もしあんなかたちじゃなく，直接呉地と会ってたら，大げんかして二度と口もきかなかっただろう」と千葉さんは当時を振り返って笑う．米の価格下落，常襲する水害，難航する補償金交渉．必死に守ってきた価値が崩壊していく疲弊感のな

図9.3 蕪栗沼と白鳥地区（右側）（群像舎提供）

かで，自分たちとはまったく違う誇りと価値を見出している呉地さんの地域を見渡す視線にふれた．それは，追い詰められた心に新しい灯をともすものであった．「どうせ田んぼを返さなきゃならないなら，せめて意味のあることをしたい」．千葉さんは呉地さんとともに，白鳥地区を再生湿地として管理するよう県の河川課との交渉を始めた．当時宮城県は，遊水地機能が低下するとして白鳥地区の湛水管理に反対していた．これに対し，千葉さんたちは自ら田んぼを測量し「治水に影響のない範囲での湿地化は可能である」という科学的なデータを提出し，河川課を動かしたのである．

　1997年，白鳥地区の離農問題はようやく解決をみる．国からの補償金はいっさいなく，県から生活再建支援金として，要求した補償の3分の1程度の額が渡されたにすぎなかった．しかし，翌年10月，水の張られた白鳥地区に，マガンたちは舞い降りた．呉地さんの「宝物」は，白鳥地区で耕作をしていた農家にとっても「宝物」になった（図9.3）．

3.「蕪栗沼」と向き合う——蕪栗沼宣言の誕生

　上記の動きと並行して急がれていたのが，1996年1月に発覚した全面浚渫計画への対応である．宮城県が計画した「遊水地の機能強化を目的とした全面浚渫」は，水害に悩む沼周辺の農家にとっては歓迎すべき事業である．しかし生態系保全の面からは，失うものがあまりに大きい．自然環境を保全しつつ，地域農家にも恩恵をもたらす方法はないか．同年5月に開催された「第1回蕪栗沼探検隊の集い（主催／日本雁を保護する会）」は，その模索に向けた第一歩であった．鳥類・魚介類・動物・植物・底生生物・水質・昆虫・土木地盤工学の研究者，および地元農家，自治体関係者，議員（国会，県議会，町議会）など40名が参加し，2日間にわたり徹底的な現場検証と討論を行った．現場を共有し，ともに学び合うこの「集い」をきっかけに，蕪栗沼の自然的価値が広く知られるようになった．前後して国会でも質疑が行われ，全面浚渫計画は中止される．しかし保全が成功するためには，外力による意思決定の変更のみでは不十分である．マガンや沼の自然にかけがえのない価値を見出す人間がいる一方で，沼の存在すら知らない住民も多数存在する．農家にとって鳥類や昆虫は「作物を荒らす悪者」として位置づけられて久しく，生きものそのものに価値を見出しにくい状況もある．その一方，度重なる米価の下落や減反などの疲弊感のなかで，なんとか未来につながる新しい自信や誇りを見出したい，という地域の人々の思いもある．立場も常識も異なる住民に，ただ一律に生態学的な「希少性・重要性」を伝えるだけでは，人々が生活のなかで秤にかけるさまざまな利害の絡まり合いのなかで「守る意志」を持続させるにはあまりに脆弱だ．知識は，主体的に取り入れられ，実感で裏打ちされない限り，守るための「意志」につながらないからである．

　同年12月8日，第12回雁のシンポジウムで採択された「蕪栗沼宣言」は，この一連の動きによって見出された「地域の方向性」を明文化したものといえるだろう（表9.1）．蕪栗沼の保全の立場に立つ人々が自ら「目標はたんなる自然保護ではない．蕪栗沼の多様な生物と自然を保全しつつ，農家を含む地域住民に，何世代にもわたり恩恵をもたらす方法をみつけることだ」と宣言した．このことで，現在の立場にとらわれず，住民すべてを当事者とし

表 9.1 蕪栗沼宣言（「日本雁を保護する会主催・第 12 回雁のシンポジウム（1996）」より）

我々，第 12 回雁のシンポジウム参加者一同は，
●蕪栗沼とその周辺水田の湿地環境が，世界に誇る宮城県田尻町の宝であることを認識し，
●その豊かな湿地環境を求めて飛来する渡り鳥ガンの国際的に重要でかつ国内最大の越冬地の一つであることを認識し，
●その湿地景観を維持することがガン類のみならず地元住民を含む人類全体に多大の恩恵をもたらすことを確認し，
●水田の自然度を高める環境保全型農業を推進して水田がガン類にもより良い採食地となるよう努め，
●それを踏まえガン類と共生できる豊かな農業を目指すことが地の利を活かした持続可能な農業を保障する事を確認し，
●蕪栗沼とその周辺水田に生息する鳥類・動植物・魚介類などの保護管理とその湿地景観保全を行なうために，
●地域住民を含む様々な分野の人々が参加してその英知を具体化できる蕪栗沼と周辺水田の管理計画の策定を求め，
●蕪栗沼ラムサール準備委員会の設立も含め，蕪栗沼の価値を損なうことなく 21 世紀の子孫へ引きつぐためにできる限りの努力をすることをここに宣言する．
1996 年 12 月 8 日
第 12 回　雁のシンポジウム参加者一同

て議論の輪に巻き込むための，共通の理念・目標が明らかになった．とくに「鳥か人間か」と，ときに感情的な対立に陥らざるをえなかった農家は，マガンに採食の場を提供し命を支えている最大の功労者でもある．立場の違いから生じる価値観の違いを明らかにし「どうすればおたがいを受け入れられるのか」という議論がようやく可能となったのである．

先述の元白鳥地区土地改良区長千葉俊朗さんも，「第 1 回蕪栗沼探検隊」の旗揚げメンバーに加わっていた．現在「自然と調和した人間社会の構築」を目標に，さまざまな環境保全活動を展開している「NPO 法人蕪栗ぬまっこくらぶ」は，この探検隊を前身としている．千葉さんはその理事長を務め，「ガンに選ばれた地」での活動を続けている．自然保護に対しては根強い不

信感をもつ農家のなかからも「あれだけ反対の急先鋒に立っていた千葉さんが，なぜ変わったのか」との驚きから，その話に耳を傾ける人が現れた．地域を見渡す新しい視線が，少しずつ農家のなかにも受け入れられ始めた．

4．「ふゆみずたんぼ」への挑戦——田んぼをみつめなおす

　「ふゆみずたんぼ（冬期湛水水田）」は，伊豆沼・内沼や蕪栗沼などへのマガンの一極集中を改善する方法として期待されていた．しかし，江戸時代の「会津農書」（貞享元年，1684）に「冬水をかけよ　岡田へごみたまり　土もくさりて　能事そかし」と記されているように，冬期に有機成分の多い水を田にかけることで農業生産力が高められることは，古くから認識されていた．今日でも，無農薬・無化学肥料栽培（あるいは無施肥栽培），不耕起栽培などと組み合わせ，「環境共生型」の農法として高付加価値米の生産に結びつけられる可能性がある．

　「ふゆみずたんぼ」の要素は，「慣行農法」の通念ではいずれも否定されてきたことである．それでも「やってみよう」という数名の農家が，伊豆沼・内沼や蕪栗沼の周辺で実践を開始した．農薬や化学肥料による強いコントロールを行わない「ふゆみずたんぼ」は，水，土，周辺の環境条件の違いなどで，田んぼごとに驚くほど異なった様相を示す．「個性」むき出しの田んぼのなかで「なにが起きているのか」を一緒に読み解くために，つぎからつぎへと人が集まり始めた．

　田んぼは，にぎわいに満ちていた．農業形態の変化のなかで産卵の場を失ったアカガエルや，トンボ，さまざまな水生昆虫．イチョウウキゴケ，ミズアオイ，サンショウモなどの水田雑草（いずれもレッドデータブック記載種）．かつて田んぼをにぎわせていたたくさんの命が，生きものを愛する人々や子どもたちを惹きつけた．そして，田んぼを舞うたくさんのツバメや，サギ，冬に舞い降りる白鳥やマガンたちが，鳥を愛する人々を魅了した．なにより，この「生きもののつながり」こそが，「ふゆみずたんぼ」農家のもっとも大切なパートナーであることがわかってきた．大量に発生するイトミミズがつくる「トロトロ層」に種子が埋め込まれる抑草効果，クモやカエルの捕食効果による害虫抑制効果が，研究者と農家の共同調査によって明らか

図 9.4 水田における生物のつながりを利用した害虫管理の可能性（古川農業試験場資料より改変）

になった（図9.4）．「生きもののにぎわいのある『湿地としての水田』に支えられる営農」という新しい可能性が示されたのである．

慣行農法と比較した場合の反収減は免れない．しかし，無農薬・無化学肥料栽培であることから，食の安全を求める消費者からの評価は高い．さらに，マガンとの共生という地域独自のメッセージを添えて，価格差で補うことができるようになれば，蕪栗沼宣言が示した「地域の特性を活かした持続可能な農業」の具体化につなげられる．マガンの保護を入口とした「ふゆみずたんぼ」の取り組みは，マニュアルまかせの農法を捨てて主体的に田んぼと向き合い，自分なりの新しい農法を模索する「農家の挑戦」となった．しかし，それは孤独な戦いではない．「ふゆみずたんぼ」に自分の守りたいものを見出したたくさんの人々が集まり，異なる興味や知識の交換により視野や価値観を広げ，学び始めた．田んぼが，人々の交流の舞台としての役割も果たし始めたのである．

しかし，湛水の管理，ポンプ代の負担，収量減，付加価値米の販売先の開拓など，すべてが自己責任となる個人の取り組みには，広がりに限界がある．

また，水利権による冬期の用水確保の困難さから，農家の意思にかかわらず実践がむずかしい状況も存在する．これは「ふゆみずたんぼ」を警戒心の強いマガンのねぐらとして機能させるために乗り越えなければならない課題であった．

5. マガンの営みと農業の両立をめざして
──田尻町・伸萠地区の挑戦

「なんとか，住む人たちが『蕪栗沼やマガンが存在するからこその田尻町なんだ』と実感できるような町にしたくてね．個人で『ふゆみずたんぼ』に取り組んでいるのをみに行って，すばらしい取り組みだなあ，と思った．でも，個人だけでやるのはたいへん」．そう話すのは，堀江敏正・田尻町長（70歳）である．

田尻町では「NPO法人蕪栗ぬまっこくらぶ」との連携の下，地域の自然と産業の調和した町づくりをめざしてきた．2000年には「蕪栗沼の鳥類による農作物被害に対する補償条例」が制定されるなど，マガンとの共生に向けた基盤づくりが進められていた．しかし「補償」は消極的な対応でしかなく，直接的な利害関係者である農家にプラスの価値観を生み出すものとはなりえない．堀江町長は「ふゆみずたんぼ」の可能性に魅かれ，町づくりの一環として積極的に取り入れることを決めた．

2003年，農水省の「田園自然環境保全・再生支援事業」が始まると，蕪栗沼に隣接する「伸萠地区」がモデル地区に指定された．ポンプ代や米の買い上げ保証など，農家の負担を極力減らすよう町が支援を決め，12戸の農家の協力による総面積20 haの「ふゆみずたんぼ」が誕生した．取り組みの持続化をめざし，しくみや機能を科学的に明らかにするための総合的な調査も開始された．雑草抑制効果の検証，水稲生産性の評価，生きもののつながりを活用した害虫管理，イトミミズなどの底生生物増加の検証，環境教育教材の開発，水鳥保全機能の検証など多岐にわたる調査が行われている．

調査は研究機関，大学，NPO，地域住民，行政などの連携によって行われている．「ふゆみずたんぼ」の調査は，田んぼの生きものの生活や機能など，複雑な結びつきを読み解く作業でもある．それは，調査者の専門のみに

照らし，要素を切り分けて分析するだけでは意味をなさない．さまざまな側面のデータを繋ぎ合わせ，関係者が全体像を共有し，矛盾がないかを吟味し，さらに調査を繰り返す．そういった「成果の総合化」のプロセスが不可欠である．自分の専門分野以外の調査にも参加する関係者が多いのは，いずれも共通の謎を解き明かすための「協働作業」であるという意識が強いからであろう．結果や発表に用いられた資料などは電子データ化され，関係者すべてに共有・使用が許されている．これは，これまでの科学の進歩の副作用ともいえる「専門分化による分断」やなわばり意識を超え「自然が本来有しているつながりに，科学の相乗効果によって向き合う」ための基本的なルールである．プロジェクトは画期的な協働の場となりつつあるといえるだろう．そしてこのような協働意識は，同じく縦割りによって組織疲弊に陥りがちな行政にもおよんでいる．「ふゆみずたんぼ」は農法としてのみならず，かかわる研究者や行政関係者にとっても，これまでの常識の壁を打破し，将来を照らす知見と認識を築くための謎と魅惑に満ちた「装置」としての意味をもっているようだ．

　しかし「ふゆみずたんぼ」は研究施設ではなく，あくまでも農家の生業の場である．調査が農家やその営みと切り離されたものであっては意味がない．近代化以前の農業のなかでは，限られた技術のなかで「少しでも米を多く収穫したい」という痛切な願いがあった．その結果，田んぼの生物多様性が経験的に読み解かれ，農法のなかで活用されてきた．その後，経済性と効率のみの追求による農業形態の変化のなかで，生物多様性保全をはじめとする機能は見失われ，農家は「科学と環境の担い手」としての役割を見失った．昨今では，グローバリズムのなかで市場経済的な原理のみに照らせば「穀物は輸入に頼ればよく，日本の水田は必要ない」という極論すら飛び出しかねない状況にある．だが，穀物は輸入できても環境は輸入できない．「ふゆみずたんぼ」の調査は，農家の有する経験的な知識を科学的に読み解きつつ，農家自身が「生きもの豊かな湿地・生物多様性の向上・ガンをはじめとする水鳥のねぐら・水質浄化」といった，米の生産以外の田んぼの役割の重要性を認識し，主体的に農法を選択するための「基盤づくり」としての協働作業でなければならない．

　伸萠地区で「ふゆみずたんぼ」に取り組む齋藤肇さん（32歳）という農

家がいる．齋藤さんは2004年の冬，母親と，NPO法人蕪栗ぬまっこくらぶのスタッフとともに，毎日，マガンの飛来数調査のために田んぼに出かけた．マガンが使う田んぼと使わない田んぼは，なにが違うのか．「ふゆみずたんぼ」を沼の代替として機能させるためにはなにが課題なのか．これらを明らかにするためには，日常的・継続的な観察が不可欠である．それは，「点」としてしか田んぼにかかわることのできない研究者にはけっしてなしえない．齋藤さんたちは「生活者」としての視点から，湛水管理のための農家の立ち入りや車のライトによるマガンの飛散の問題，積雪量と飛来の関係，調査法に対する疑問など，人とマガンの接点にある課題をつぎつぎと関係者のメーリングリストに投稿した．これに対し，専門に照らしたアドバイスや提案がなされ，改善方法が検討された．そして2005年2月11日，記念すべき日がやってきた．伸萠地区の「ふゆみずたんぼ」でねぐらをとるマガンの姿が，ついに齋藤さんたちによって確認されたのである．

齋藤さんの家では，昭和16年，祖父の代に開拓民として入植して以来，64年にわたって田尻町で農業を営んできた．「ふゆみずたんぼ」を始めた2003年当初，「そんなことで米がとれるはずがない」と両親は大反対だったという．その後父親が亡くなり，関係者が送ったお悔やみの言葉に，彼はこんな言葉を返している．「夫を亡くした母親が最近こんなことを話していました．"ただ冬期湛水に参加してお米が高く売れたからといっても，自分にとって意味がない．その周辺を取り巻いているガンに感動したり小動物の動きに興味をもったり，呉地さんたちのお話を聞くことが自分にとってどれだけ生きがいになり楽しみになったか．"（中略）母の視点は農家特有の田んぼだけをみつめることにしばられず，それを取り囲む大きな環境といったところに視点が向けられ，興味が育っていたように思います．われわれ農家は，普段土を耕します．米価の変動におびえ下落が度重なる昨今，できあがったマニュアルどおりの営農の繰り返しから本来持っていた研究心は薄れ，農政や農協主体の営農指導の人任せが主流となり，収入が減れば人さえ非難しかねません．母の一言で強く感じたこと．それは，土を耕すことと同じように農家自身が自分の心を耕すこと．それは興味や視野を広げることによりやりがいが生まれ，前向きな営農姿勢が収入に結びつくということです」．齋藤さんはいう．「ただマガンが田んぼを使うっていう意味では，水を張らない

図 9.5　公社を通じて販売される「ふゆみずたんぼ米」

ときのほうが人も入らないし，よかった面もあるかもしれない．でもだんだん，水管理のときに『ガンが（車を怖がって）散るから歩いてきたんだ』とか農家のほうが気にするようになって．そういう変化がすごく楽しいし，うれしい」．

　「ふゆみずたんぼ」で生産される米は「安心で夢がある」と消費者からの評価が高い．買取価格も割高で，農家に経済的メリットをもたらしているのは確かである（図 9.5）．しかしそれだけでは，寒さのなかで収穫を終えた田んぼに足を運び，マガンを数え続ける原動力とはなりえない．齋藤さんが調査に自ら足を運ぶのは，田んぼを経験的にだれより深く知っているのは農家自身であるという誇り．そして，農家の対応しだいで変化するマガンやそのほかの「生きもの」の存在が，田んぼの存在価値や，今後農家が担っていかなければならない役割に気づかせてくれることを感じ始めているからではないだろうか．

6. 「ふゆみずたんぼ」を支える人々——課題と可能性

　2004年4月，田尻町では「ふゆみずたんぼ」に対する町独自の直接支払い制度を創設した（1万円/10a）．同年6月には環境省のエコツーリズム推進モデル地区にも選定され，環境教育の場としても積極的に活用されるなど，蕪栗沼と田んぼをめぐる取り組みはますますの広がりと深まりをみせている．しかし，そのなかで新たな側面もみえつつある．

　現在，伸萠地区の農家の大半は慣行農法による農業を営んでおり，「ふゆみずたんぼ」と慣行水田が混在している．このため，水管理上の問題が発生している．たとえば「ふゆみずたんぼ」の雑草抑制のためには，春先までの湛水がきわめて重要とされている．この時期は，慣行水田では田を乾かす時期にあたる．このため，横水滲出に対する遠慮などから十分な水を張れず，効果が思うように得られないことがある．また，調査や視察のために「ふゆみずたんぼ」を訪れる部外者の急増は，地域の人々にプラスの側面ばかりとは限らない．「ふゆみずたんぼ」や特定の人々のみに集中しがちな注目，評価が，同じ場所で農業を営む人々に疎外感を与えるものであれば，それは地域の人間関係にも影響するからである．しかし，「ふゆみずたんぼ」の本質的な可能性や課題を明らかにするためには，慣行農法との科学的・客観的な比較が不可欠である．さらに，マガンは採食の場として圧倒的に乾田を利用しており（図9.6），じつは，慣行農法を営む農家も「ふゆみずたんぼ」がめざす目標実現のための大切な協働者なのだ．乾田のなかでも，農薬や化学肥料の使用を減らすなど，生きものとの共生に向けた取り組みは十分に可能である．伸萠地区をたんなる「ふゆみずたんぼ」のモデル地区とせず，異なる農法どうしで課題をもち寄り，これからの地域農業に対する合意形成を行う場とすることはできないだろうか．「精神的な障壁をつくらず，相手の価値を取り入れながらビジョンに向かって協働する」という一連の活動を通じた特徴は，その可能性を感じさせる．

　また，生物多様性保全型の農業システムの構築は，けっして農村や農家のみに任せればよいものではない．農業のあり方は「消費のあり方」につねに連動しており，需要がなければ，労力負担の大きい「ふゆみずたんぼ」などの農業の持続性は失われる．マガンをはじめとする生きもののにぎわいにあ

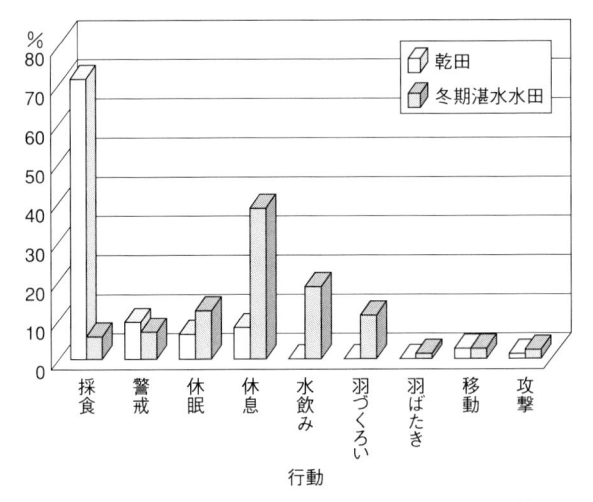

図 9.6 「ふゆみずたんぼ」と乾田でのガン類の行動比較
（「日本雁を保護する会」資料）

ふれる豊かな田んぼは，農業が営まれ続けない限り日本から消失する．購入する米を選ぶことは，環境に対する意思表示でもある．「生きもののにぎわいある湿地と営農の両立」への転換は，農家と消費者の協働によってはじめて可能になる．田尻町では，公社を通じた伸萠地区の米の販売や生協とのタイアップなど，生産者の努力に報いるための販売戦略を模索している．しかし，米の消費量そのものが食生活の多様化により減少しているなかで，個人の取り組みでの売り先開拓はけっして容易なことではない．意欲ある農家と消費者双方の意思を結び，環境の担い手としての農家にきちんと利益が還元されるシステム構築に対する支援が急務であろう．

7. わくわく感とともに歩む——おわりに

蕪栗沼や伊豆沼・内沼周辺の「ふゆみずたんぼ」で出会う人々には，いつも不思議なわくわく感が満ちている．ある人は週末を使って農家と一緒にイトミミズの数を数え，それぞれ色の異なる田んぼの水を汲みにいそいそと出かけていく．ある人は，農業土木職員としての経験を活かして，小規模魚道や生きものが使いやすい排水路の法面と緑地帯のあり方を追求している．あ

る人はマガンや生きものがのりうつったかのようなみごとな形態模写で訪れる人を魅了し，ある人は「農村の環境向上のためには，まずは米を食べること」と，消費の多様化に向けた「米粉クッキング」を始める．田尻町のある職員は，取り組み紹介を「ふゆみずたんぼへの入居待ち渡り鳥が伸萠集落上空を行く，田尻町のエコツーリズムの今後の展開にご期待ください」と締めくくり，笑いを誘う．農家，趣味で田んぼにかかわる人々，行政，NPO，地域住民，研究者……それぞれ異なる視点をつぶさずに，未来のビジョンをゆるやかに共有しながら，一番自分が得意な分野で「ふゆみずたんぼ」に向き合って活動し，認め合っている印象がある．

「あいつはあんな奴じゃなかったんだよ」「人の力はすごいな．人って変われるんだよ」いたずらっ子のように笑いながら，おたがいを評している言葉をよく耳にする．自然の再生は，社会システムの広がりのなかで自然環境と人間の生活に新しい結びつきを築き，そのなかに科学的に裏づけられた保全の機能や，再生への意欲を組み込んでいく必要がある．その原動力は人々の人格や文化と不可分であり，とくに行動の原点となる「感情」を無視してはなりたたない．「人が変わる」ことを地域の人々が素直に喜び，受け入れていること．そのことこそ，この地に感じる「わくわく感」の正体なのかもしれない．

2005年6月，田尻町中央公民館で開催された公聴会で「国指定蕪栗沼・周辺水田地域鳥獣保護区」の指定が決定された．これを受け，2005年11月，ウガンダ共和国カンパラで開催された第9回ラムサール条約締結国会議で，蕪栗沼と周辺水田の合計409 ha が，正式にラムサール条約湿地として登録された．「水田」を明確に湿地として位置づけ，その名称に冠しての登録は，世界でも初の事例である．もちろん，数度にわたる鳥獣保護区指定断念の歴史が物語るように，問題はそれほど単純ではない．住民による同意が得られず，今回も指定にいたらなかった地域もある．しかし蕪栗沼には，これまでも法による指定の如何にかかわらず，人々と向き合いながら取り組みを進めてきた経緯がある．続く歩みのなかで，新しい局面が開かれることに期待したい．

全国の自然再生の現場で，「昔はよかった」という声を聞く機会が多い．そのなかで，地元の住民が自ら「ここはどんどんよくなっている．2年後，

3年後はきっともっとよくなる」と自信をもって語る言葉は，なんと気持ちを豊かにさせてくれるものなのだろうか．マガンの越冬地への渡りのルートは，親から子へ伝統的に受け継がれて学習されるという．シベリアから4000 km の命がけの旅の末に日本にたどりついたマガンたちは，きっと今年も「ふゆみずたんぼ」に舞い降りるだろう．

　田尻町滞在中，農家の方，町の方をはじめ，ほんとうに多くの方にお世話になった．本来ひとりひとりのお名前をあげてお礼を述べるべきであるが，とてもあげきれそうにない．お話を聞かせてくださった方，人をご紹介くださった方，移動の足のない私たちを車に乗せてくださった方，フィールドに連れていってくださった方，資料を提供くださった方，さまざまな経験をくださったすべての方に，心からの感謝を表したい．

参考文献
林良博・高橋弘・生源寺眞一 (2005)『ふるさと資源の再発見──農村の新しい地域づくりを目指して』，家の光協会，東京．
稲葉光國 (2005)『有機農業と米づくり──自然の循環機能を活かした有機稲作』，筑波書房，東京．
守山弘 (1997)『むらの自然をいかす』，岩波書店，東京．
守山弘 (1998)『水田を守るとはどういうことか──生物相の視点から』，農文協，東京．
NPO 法人蕪栗ぬまっこくらぶ http://www5.famille.ne.jp/~kabukuri/
佐瀬与次右衛門・佐瀬林右衛門 (1700)『日本農書全集第二十巻　会津歌農書　幕内農業記』，農文協，東京，1982 年 4 月 25 日発行．
宇田川武俊編 (2000)『農山漁村と生物多様性』，家の光協会，東京．
鷲谷いづみ (2004)『自然再生──持続可能な生態系のために』，中央公論新社，東京．

第10章 ひとや社会から考える自然再生
自然再生はなにの「再生」なのか

富田涼都

　自然再生は保全生態学や応用生態工学などの知見を基盤とした「生物多様性の保全」のための社会的実践とされており，政策的にも「新・生物多様性国家戦略」や「自然再生推進法」などによって位置づけられている（環境省 2002; 鷲谷・草刈 2003）．しかし，ひとや社会という視点からみたときに，現在行われている自然再生はどのような意義をもち，今後どう位置づけられていくべきなのだろうか．そのことを考えることは，自然再生が社会的に合意を得て事業を実現していくうえでも避けて通れないし，自然再生はなにを「再生」するものなのかということを探求していくうえでも重要なポイントにもなる．ここでは，茨城県霞ヶ浦において実際に行われている自然再生を事例として取り上げて，事業がもつひとや社会の側面から意義を考えることで，自然再生のあるべき位置づけを考えていきたい．

1．分析の視角——「ひとと自然のかかわり」から

　自然再生をひとや社会の側面からみるにあたって，ここでは「ひとと自然のかかわり」に注目していきたい．たとえば，里山の保全にまつわる議論は，里山がひとびとの営みによって支えられてきたことを明らかにし，里山という場が経済的な活動や，それを支える社会的なシステム，ひとびとの精神的な側面といった「ひとと自然のかかわり」のなかで存在していることを具体的に示してきた（武内ほか 2001; 井上・宮内 2001）．おそらく，これは里山に限らず，地球上のあらゆる自然環境は多かれ少なかれこうした「かかわり」のなかで存在してきていると思われる．
　一方，民俗学や環境社会学の領域では，こうした「ひとと自然のかかわ

り」についての研究が蓄積されてきている．たとえば，民俗学では経済的な意味だけではなく，社会的・精神的にも重要な「生業」にとくに注目し，遊び的・精神的な要素が強い「遊び仕事」的なもの（マイナーサブシステンス）もふくめて，自然と労働という観点から，ローカルな地域社会における「ひとと自然のかかわり」の姿を明らかにしてきた（菅 2001; 松井 1998）．

また，環境社会学では，地域社会の生業活動，食生活，遊び，信仰，社会活動といった日常の生活の姿を調べることで「ひとと自然のかかわり」の姿と，その意義を明らかにしてきた（鳥越 1989; 鳥越・嘉田 1984）．その結果，往々にして自然科学的な問題として片づけられてしまう環境問題の背景には，日常の生活を通じた「ひとと自然のかかわり」の変化があり，それを検証することによって社会的な側面からみた環境問題の姿が浮かび上がってくることを示してきた．

そこで，ここでは生業を中心としたひとびとの生の営みを調べていくことで「ひとと自然のかかわり」に迫り，そのうえでひとや社会からみたときに，自然再生がどのような意義をもつのか，自然再生はなにを「再生」していくべきなのかを考えていきたい．

なお，こうした「かかわり」の姿に迫っていくにあたっては，その歴史的な文脈から掘り下げていくアプローチをとった．なぜなら，「かかわり」はなんの脈絡もなく「いまここに」存在し，意味づけられているわけではないからである（桑子 1999）．たとえば，町並みなどの歴史的な環境の保全や，開発問題などの事例においても，争点となる「ひとと自然のかかわり」の姿は，ひとびとのライフヒストリー，歴史的文脈によって意味づけられることによって，はじめて具体的な意味をもったものになる（関 1999; 堀川 1998）．それゆえに，こうした意味づけの源泉となる歴史的な文脈をふまえることなしには，いま現在の「ひとと自然のかかわり」の意味を十分に知ることはできないといえるだろう．

2．「かかわり」をさぐる

まずは，具体的な調査について説明する前に，霞ヶ浦において行われている自然再生の全般的な経緯を簡単に紹介しておきたい．

本章で取り上げる取り組みは，生物多様性を保全するということと同時に，社会状況の変革もめざす取り組みとしてのアサザプロジェクトが母体となっている（鷲谷・飯島 1999）．まず，アサザプロジェクトが取り組みの対象として目をつけたのは，アサザをはじめとする湖岸の水生植生帯の復元だった．その理由は，霞ヶ浦の生態系にとって基盤的役割を果たしていた湖岸植生帯が大幅に失われていくことで，霞ヶ浦全体の生物多様性に大きく影響していると考えられているからである（河川環境管理財団 2002；中村ほか 2000）．このほか，植生復元に適した環境を一時的に維持するため，流域の里山から粗朶を調達し波除けとして利用することで，湖岸植生帯の再生と里山の保全を両立させるなどの取り組みを行ってきた．そして，2000 年には，アサザをはじめとする湖岸植生保全のための「緊急対策」が講じられることとなり，その具体的方策を論議するための行政だけでなく，市民，専門家などで構成される「検討会」が設置され，本格的に自然再生事業として動き出している（飯島 2003）．

こうした経緯をふまえたうえで，ここではよりくわしく情報を集めるため，石岡市関川地区において聞き取りを中心とする調査を行った．この関川地区では，「緊急対策」としてコンクリート護岸だったところに養浜をするなど，霞ヶ浦でも最大級の大規模な植生復元工事（霞ヶ浦では 11 カ所で施工された）が行われている．そして，その場所はその構造的な特徴から生態学的な植生再生の研究フィールドともなっているために，集中的に生態学的な情報が集積されている．さらに，この取り組みの一環として，地元小学校が「環境教育」の一環という位置づけでいくつかの事業に参画しており，ビオトープの設置や，事業地における水生植物の植付けなどの協働作業が行われ，かつての湖についての情報を集めるために，小学生による昔の霞ヶ浦についての聞き取りも行われている．

地元住民に対する聞き取り調査は，おおむね太平洋戦争前後から現在までの約 60-70 年間の関川地区やその周辺においての生業活動をはじめとする食生活，遊び，信仰，社会活動といったさまざまな日常の生活の姿やその変遷をテーマにして行い，この地域の歴史や民俗に関する文献などとの対照も行った．

また，よりくわしく聞き取りを行うために，過去の写真や地形図，道具や

生きものの写真など，「資料」の提示もあわせて行っている．語り手にとっては，こうした「資料」などが目の前にあったほうが，「○○はどういう感じだった」と具体的に話しやすいし，過去の姿を知るわけではない聞き手にとっては，思いもよらない新たな発見が生まれたりする．また，利用した生きものやその方言などについての正確な情報を集めるためにも，こうした「資料」の提示は強力な方法になる（嘉田・遊磨 2000）．

なお，地元小学校の教員に対しても，霞ヶ浦において行われている自然再生事業への小学校の参画について，その経緯や，現状，将来への構想，カリキュラムとしての位置づけなどをテーマに聞き取りを行った．

3.「かかわり」の環境史――調査結果から

それでは，調査結果の一部を紹介しながら，「かかわり」のありさまをみていこう．

高度経済成長期の前，関川地区の地先には，湖とも陸地ともつかないような低湿地が広がっていた．一方，田んぼなどの水路は湖に直結していたので，こうした水路は，陸地側に「食い込んだ」水辺ということもできるだろう．じつは，このような湿地や水路は関川地区においてひとと湖とのかかわりが濃い空間であった．こうした水辺は，陸地側ならわざわざ船を使わなくてもアプローチすることができたし，水深が深いわけでもないので，とくに水路は子どもの遊び場になった．そこで魚捕りは，子どもだけでなく大人もふくめてさかんに行われていた．いまも湖岸近くに住み，現在も農業を営む傍ら，ときおり船を出すこともあるAさん（1941年生まれ）は，そんな水辺で多彩な魚捕りを経験してきたひとりである．

ウナギを例にとると，Aさんは子ども時代に田んぼの水路にすんでいたウナギを手づかみにして捕っていたという．水路に入り，そこの泥に手を入れて手にヌルっとしたものがあたると，それがウナギである．急いでウナギの頭と尾をつかむが，ウナギもぬるぬると逃げるためなかなかうまくいかず，1匹捕るのに15分ぐらいかかるという．そして水路の脇にカゴを置いておいて，逃げないうちにカゴに放り込んだ．ウナギは水のなかだといくらでも逃げていってしまうが，さしものウナギもオカ（陸地）に揚げてしまえば，

そうそう逃げられないという．こうしてウナギを捕ることに成功すると「鬼の首を取ったようなもの」だったという．もちろん，ウナギを捕る方法はそれだけではない．冬に入り，ウナギが泥のなかに穴を掘って隠れている場合は，長い柄の先に鉤がついているウナギカマといわれる道具を使いウナギを捕ったこともあったという．Aさんは学校から帰ってくると，ウナギカマをもっている家からカマを借りてきて3-4人で穴探しをし，穴をみつけた人が掻きとりをやったという．ウナギの穴は2つの開口部があり，1つは頭側，もう1つが尾側に開いていて，頭側の開口部は呼吸のため水の出入りがあって泥が巻き上げられているために少し濁っているという．ウナギは尾側から逃げるため，この2つの「穴」を区別する必要があった．そして，この逃げる方向を考慮に入れながらウナギカマを50 cmほど突っ込み，縦横に何回も掻いてウナギを引っ掛けるのである．ウナギが引っ掛かると木に引っ掛けるのとは違った柔らかい感触があり，引っ掛けたウナギはオカに投げてしまう．しかし，実際には水のなかに入るとウナギはその気配を感じて逃げてしまうので，失敗することも多かったという．それゆえに急いで水のなかに入り，2-3回で引っ掛けないと失敗だったという．ウナギカマは太い針金などで代用することも可能で，水路のほかに船を使って捕りにいっていたひともいたようだ．

　このようにして捕られた魚は，自分の家で食べてしまうか問屋に売られていた．この周辺地域では，いまでも捕った魚を売る場合は問屋などと直接取引をするのが一般的である．とくにウナギやドジョウの換金レートは高かったようで，ウナギは，米1俵（60 kg）が4000円ぐらいの時代に500円/kgぐらいのレートだったという話もある．なかには本格的な副業としてドジョウ捕獲をするひともいたようだ（関川地区には漁業を主業とするひとはいなかったという）．また，そこまで熱心にやらなくても，「学用品の足し」や「小遣い稼ぎ」「タバコ代稼ぎ」などのために捕ったウナギを売ることはよくあったという．

　一方，こうした水辺は，農地としても利用されていた．水辺の低湿地にも不安定ながら農地が拡張され，そこで耕作が行われていたのである．こうした低湿地における農耕は，少なくとも江戸時代には行われていたことを示す資料が残っている（石岡市文化財関係史料編纂会 1996）．この低湿地の農地

には，大きく分けて2つのパターンがある．1つは，もともとある低湿地を新たに農地として利用するパターン．そしてもう1つが，客土や泥の持ち上げによって「埋め立て」を行って農地を拡大していくパターンである．

　Bさん（1928年生まれ）の家は，こうした低湿地を新たに農地として利用してきた家の1つだった．田植えとしては遅い7月ごろに普通よりも長いイネの苗を植え，9月の洪水に遭わないうちに刈り取ってしまっていた．そして，低湿地は肥えているから，そこの米はおいしいといわれていたという．当時は，土地を借りるといっても簡単に借りられるものではなかったため，自分たちの手で低湿地を田んぼに変える必要があった．しかし，低湿地での耕作は重労働で人手がいるので，どこの家でもできることではなかったという．こうして耕作されていた農地は，公有水面とされている霞ヶ浦を勝手に「開拓」するものであったが，最終的には国から払い下げられ，耕作者の土地となっていた．Bさんの家では3反（約30 a）の農地が登記され，もっとも多い家では8反（約80 a）もの耕地が登記されたという．

　Aさんも，湖の泥や水草の残骸など（ウダレ）をマンノウやモッコで「持ち上げ持ち上げ」して農地を広げていったことがあるという．ウダレは肥えているため肥料は必要なく，自分の家の近くなどつくりやすい場所をみつけて耕地をつくっていたという．こうしてできた耕地は田んぼとしても利用されるが，ジャガイモなども植えられた．彼岸のころに植えて，「運よく」水害に遭わなければ収穫できたという．

　このようにして，湖（水域）から陸地（林野）にいたるさまざまな生活の営みを調べていくと，この地域におけるかつて（だいたい高度経済成長前）の生活の営みは2つの特徴をもっている．1つめの特徴は，個々の営みが多様な意味を含んでいたという点である．そして，もう1つの特徴は営みの空間的な広がりである．営みのもつ意味を経済的，社会的，精神的という3つの要素に整理して縦軸に表し，横軸にその営みが行われていた空間を配置した模式図で表現すると，当時の営みの全体像は図10.1のように表される．

　たとえば，生業である稲作・畑作は重要な経済的基盤となっていた．しかし，生業は経済的な意味だけをもっているわけではない．田植えなど農繁期に行われるムラぐるみの共同作業であるユイなどの人間関係は社会的な側面であるといえるし，祭礼や水神様なども，それ自体が1つの精神的・社会的

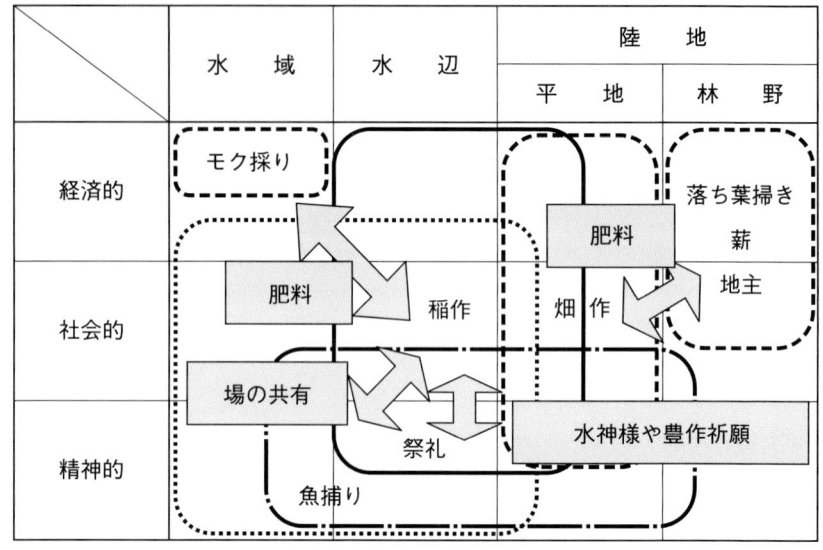

148　第10章　ひとや社会から考える自然再生

	水　域	水　辺	陸　地	
			平　地	林　野
経済的	モク採り			落ち葉掃き／薪
社会的	肥料	稲作	畑作／肥料	地主
精神的	場の共有	祭礼／魚捕り	水神様や豊作祈願	

図10.1　かつての生業を中心としたつながり

営みであるが，そのなかで水害を免れ，豊作を祈願するという意味では生業の精神的な側面を現しているものだといえるだろう．つまり，生業は経済的な意味だけでなく，社会的な意味や精神的な意味もふくむものだといえる．

　耕作活動そのものが行われるのは田んぼや畑であるが，その生産活動に不可欠な肥料は，モクとよばれる水域の水草や林野（ヤマ）の落ち葉などから供給されていた．そして，それらの田畑も「陸地」だけでなく，低湿地の水辺にも広がっていたのである．つまり，稲作・畑作という生業は水域や水辺，そして林野とも不可欠な関係にあったといえるだろう．また，生業によって保たれている田んぼや水路などの場所は，Aさんの例のように，ウナギやドジョウ，フナ，コイなどを狙ったさまざまな魚捕りの舞台となっていた．捕れた魚は家の食卓に上がったり，小遣い稼ぎに問屋に売ったりと経済的な意味ももってはいたが，一方で，子どもにとっても大人にとっても遊びの要素，精神的要素の強いものであった．

　こうした生活の営みのあり方は，いわゆる「近代化」という流れのなかで，大きく変貌することになる．その変貌をもっとも顕著に現している例は生業の産業化である．それは具体的には農業の効率化や機械化といえるだろう．

3.「かかわり」の環境史　149

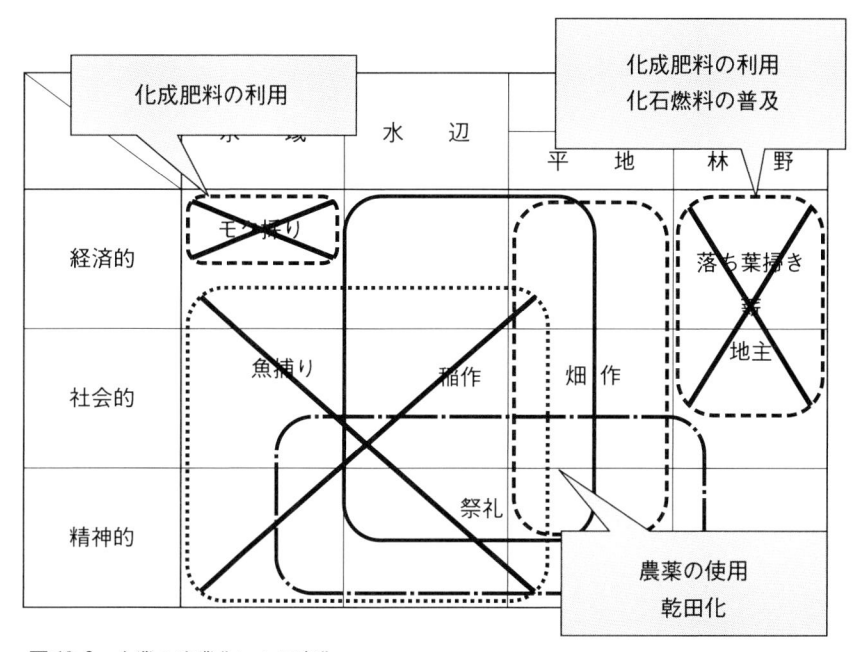

図 10.2　生業の産業化による変化

化成肥料の導入や機械の導入は，肥料を通じた湖やヤマと生業の「かかわり」を喪失することを意味していたし，農薬の使用は魚の死滅というかたちで魚捕りに影響した．なお，機械の登場によってユイのような社会的な関係が消滅していくことになるなど，農業の効率化や機械化は，その地域の社会的精神的な関係にも変化をもたらしている．こうした変化は，確実にそれまでの「ひとと自然のかかわり」を変質させ，営みの多義性や，空間的な広がりを失わせていった（図 10.2）．

　こうした産業化の流れは，市場経済の浸透というかたちでも別の営みの消長にも大きく影響している．林野（ヤマ）での薪集めの消滅を例にとろう．この地区では，薪に代わって昭和 40 年代に化石燃料であるプロパンガスが普及し始めていた．もちろん，プロパンガスは現金によって手に入れなければならなかったので，サラリーマン世帯などの現金収入のある家から切り替えていったが，農家にも，だんだん普及していき，薪集めは消滅していくことになる．

しかし，プロパンガスが，現金収入が希少なはずの農家にも普及した背景は，ただたんに「手軽」というだけではなかった．当時，東京では建築現場関係の仕事が数多くあったため，農家は冬の農閑期には東京に出稼ぎに出ることが多くなったという．関川地区は常磐線にも近いため，早朝の電車に乗れば仕事に通うことは十分可能であった．仕事はいくらでもあったため，女性もふくめてどんどん行ったのだという．なかには冬だけでなく，農繁期以外はずっと東京に出稼ぎに行っていたひともいたようだ．出稼ぎに出ると冬が「稼ぎ時」の薪集めはできなくなってしまうが，出稼ぎに出れば現金収入になり，薪の代替としてのプロパンガスも十分に買うことができた．つまり，農閑期にヤマで木を取るよりも，出稼ぎに出たほうが農家としては「割」がよかったのである．

土地改良（圃場整備）による大きな環境の変化は，こうした流れの延長線上に位置づけられる．少なくとも，農業の機械化や効率化を推し進めていくためには，土地改良は必要であったし，それは当時の地域社会にとって切実

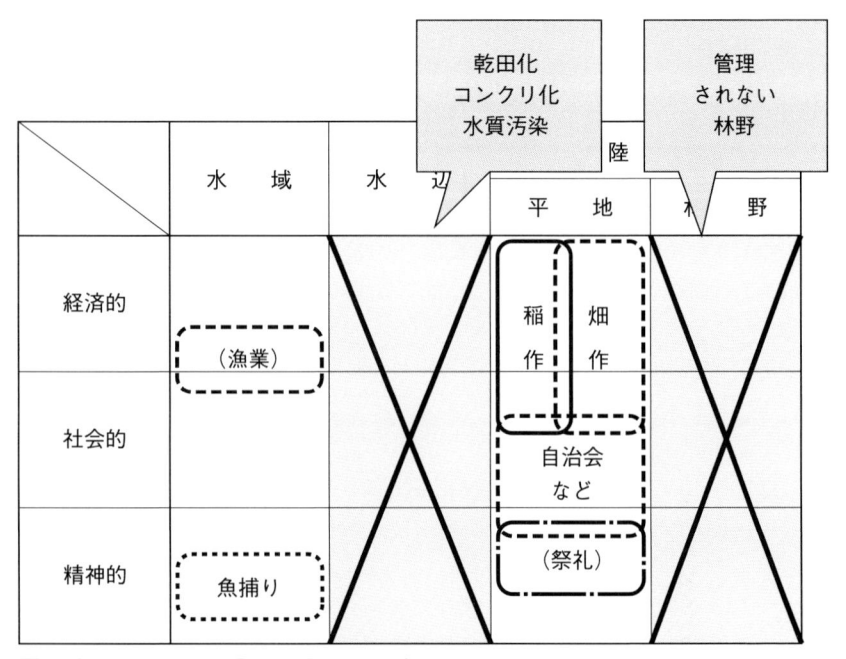

	水域	水辺	陸 平地	林野
経済的	(漁業)	✕	稲作／畑作	✕
社会的		✕	自治会など	✕
精神的	魚捕り	✕	(祭礼)	✕

（平地上部の吹き出し：乾田化・コンクリ化・水質汚染／管理されない林野）

図 10.3　現在の営みと「水辺」「ヤマ」の崩壊

な要求でもあった．しかし，土地改良は，水田と湖との連続性を断絶し，乾田化や水路の護岸化によって水辺を物理的に消滅させてしまう働きももっていた．その後，わずかに残った水辺も治水や霞ヶ浦全体の利水上の要請によって行われた築堤とコンクリート護岸化によって消滅していき，ひとびとの「かかわり」の場であった水辺は，ひととの関係性の総体という点においても，そして物理的な空間としても名実ともに——なかば必然的に——崩壊してしまう（図10.3）．また，林野（ヤマ）も水辺と同様にひとびとの手を離れ，放置され，「荒れて」しまっている．この地域の自然再生は，こうした文脈の上で実施されることになるといえるだろう．

4．「植生の復元」の限界と社会的精神的な「障壁」

　ここで，これまでに紹介した文脈の上で現在関川地区において行われている自然再生のもつ意義を検証してみよう．この地域で行われている取り組みのほとんどは，水辺の空間そのものをおもな対象とし，「生物多様性の保全」という位置づけで行われている．「生物多様性の保全」は生態学の知見から導き出された「科学的」な論理であり，一見，こうした取り組みを行っていけば，技術的な課題はあるにせよ，「再生」が達成されるようにみえる．

　しかし，この地域の文脈，「かかわり」の環境史からみえてくるのは，水辺が，ひとびとの日常の営みにおける複合的な変化，すなわち「ひとと自然のかかわり」の変化によって，構造的に，そしてなかば必然的に崩壊してきた過程である．それに対して，純粋な自然環境としての「植生帯の再生」だけを行ったとしても，水辺という空間はほかのひとびとの営みとの関係性をもたない，孤立したままの存在として放置されることになる（図10.4）．けっきょく，それは水辺を「崩壊」に導いた根本的で構造的な原因を解決したことにはならず，復元された植生の拠って立つ基盤は脆弱であり，再び水辺の「崩壊」という轍を踏んでしまう可能性をぬぐうことはできない．この点は，「植生帯の再生」のもつ限界であるということができるだろう．

　これに対し，霞ヶ浦の取り組みでは，自然環境だけでなく，人間や社会を「ネットワーク」化することでこの問題を克服していくことが構想されている（飯島 2003）．たとえば，関川地区で行われているビオトープや水生植物

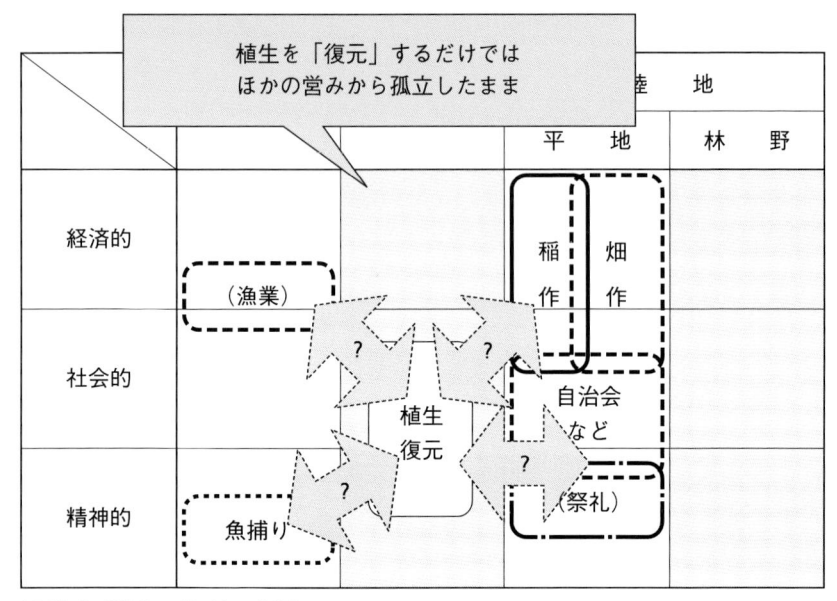

		平　地	林　野
経済的	(漁業)	稲作 / 畑作	
社会的		自治会など	
精神的	魚捕り	(祭礼)	

（中央に「植生復元」、周囲に「?」の矢印）

吹き出し：植生を「復元」するだけではほかの営みから孤立したまま

図 10.4 「植生の復元」の限界

の植付け，出前授業，昔の霞ヶ浦についての聞き取り調査といった「環境教育」は，将来を担う地域の子どもたちと湖の「かかわり」をつくっていくことを目的にすえているといえるだろう．しかし，こうした努力が実際に「ネットワーク」化や「かかわり」の再構築にどれだけ効果的であるかどうかはさらに検証しなくてはならない．

　先ほどあげた「環境教育」の場合，これまでまったく接点がなかった子どもたちと水辺の「かかわり」をつくるきっかけづくりとしては成功している．しかし，この「環境教育」は，子どもたちにとっては非日常的な空間の出来事である．教室や授業時間を離れたときに，子どもたちの日常の世界で水辺に「かかわる」機会はほとんどない．

　その理由は，子どもが「家でゲームばかりしているから」ということだけではない．大人が勤めに出て昼間に目が行き届かないとか，安全上の理由から子どもたちの行動範囲は，学校によって，「家の敷地内」「集落内」などと学年別に規定されている．そして，危険ということで霞ヶ浦の湖岸に行くことは禁止されている．また，少子化によって子どもの数が少なくなることに

よる弊害もある．学年によっては数人しかいない同級生は，放課後家に帰ってしまうと広い学区域に散在することになるので，友だちと気軽に遊びにいけるような状況にはなく，遊びにいくときには親の送り迎えが必要になってしまう．しかし，両親が勤めに出ていて家にいない場合は，それも期待できない．また，家庭生活においても親の職業が会社勤めであれば，家の営みの一環として「水辺」にかかわることはないし，農業を営んでいても，機械化が進んだいまでは，営みのなかでかつてのように「水辺」とかかわるような機会はないのである．さらに，霞ヶ浦のイメージの悪さという問題も存在する．アオコをはじめとした霞ヶ浦の「汚い」というイメージは強烈である．そして，無機質なコンクリート護岸が延々と続き，そこに風で波が打ちつける様子は，地元の住民でさえも恐怖を感じることがあるという．それだけに，現在の霞ヶ浦の「水辺」には近寄りがたい雰囲気が漂っている．

　これらの「障壁」は，ただたんに水辺と子どもたちの「自然体験」が不足しているという文脈だけで語ればすむものではない．わざわざ「自然体験」とよぶまでもなく，この「障壁」を生んだ構造のなかで不足するのは，かつてはあたりまえにあったと思われるような身体的経験や社会的経験のすべてであるといっても過言ではない．

　その点，学校における「生活科」や「総合的な学習の時間」を取り巻く状況は象徴的な例であるといえる．生活科の中身はじつに多彩である．「草花での遊び方」や「生きものの飼い方」といった「自然体験」もさることながら，「バスの乗り方」「家の手伝いのしかた」などという基本的な社会生活・家庭生活にかかわるようなことまでふくまれている．これらの「経験」は，あえて教科でやらなくても，学校外の日常的な営みのなかで得られても不思議ではない（むしろそれが自然だと思われるような）ものであるが，現状ではあえて授業のなかでいわなければならなくなったという．つまり，「自然体験」だけではなく，日常の営みそのものが「経験不足」なのである．生活科や総合的な学習の時間という教科は，こうした圧倒的な「経験不足」を背景にして行われている．

　しかし，こうした状況は先に指摘したように，必ずしも子どもやその保護者が「怠慢」であるがゆえに「経験不足」であるということではない．その背景には，少子高齢化や生業のあり方などまさに地域社会のあり方にかかわ

る要因が横たわっているのである．

　たとえば，昔は家の農作業にしても，苗を運んだり弁当を運んだりと子どもが手伝うことができる仕事はあった．しかし，いまでは機械化によってこうした農作業の場にそもそも子どもたちの出る幕はなくなってしまったのである．その意味で，子どもは手伝いをしなくなったのではなく，その必要がなくなってしまったために，そもそも手伝いが「できない」のである．

　こうした経験がないことは，子どもが地域の生業という日常の基本的な営みに対してふれる機会がほとんどないことも意味している．いまでも世帯の6割が農家である地域で，小学校でわざわざ「稲作体験」を子どもにあえて教えていることはこのことを如実に示している．子どもたちは農業という営みのすぐ近くにいるのに，彼らと農業の関係は「切れて」しまっているのである．

　そして，こうした農業をめぐる現状は厳しい．農業における効率化や機械化は，先にも紹介したようにある程度生業の産業化に成功し，経済的にも（過去との比較として）市場経済の浸透というなかでの生き残りに寄与しているといえる．しかし，その成果は経営面積の小ささなどの制限要因によってある程度にとどまっている．その一方で，農業の効率化・機械化のためにこれまで彼らが投資してきた，または投資しているコストはけっして小さくない．いまの農業にとって機械は必須であるが，実際に使う日数は1年のうちに多くなく，維持費の負担は軽くないし，土地改良にしてもその構造上，水の給水にも排水にもポンプの稼動が必要となり，つねにポンプの運転コストがかかることになった．けっきょく，こうした増大したコストを補塡するためには，収量を上げねばならず，そのためにさらにコストがかかるという循環になっている．その意味で，農家の「歩留まり」感はけっしてよくない．ハウスによるキュウリや花卉栽培を行って，狭い面積でも，少しでも商品価値の高いものを求める方向性はこうした事情の上にあるといえるだろう．そして，「後継者不足」という問題がある一方で，親が子どもに農業以外の仕事につくことを勧めることもよくあるという．こうした一連の流れが，この地域の生業の衰退を生み，地域の少子高齢化のスパイラルについても影を落としていることは十分想像できる．

　つまり，この日常における「かかわり」を妨げている障壁の背景には，少

子高齢化のスパイラルや生業である農業の変化と低迷といった，一見「生物多様性の保全」とは関係のなさそうな地域社会の日常の世界に存在する問題が潜んでいる．それゆえに，授業中などで行われている「環境教育」だけでは，こうした日常の世界の問題を解決していくことはむずかしいといえるだろう．

5.「障壁」を乗り越えるために——「かかわり」の再生

　こうした「障壁」の存在は，日常の世界において切れてしまった「かかわり」を再び取り戻すことがいかに困難であるかを示している．しかし，自然再生はこうした「障壁」を乗り越えていかなければ，根本的に達成できないだろう．

　その意味で，いまの「生物多様性の保全」という文脈で語られる自然再生はいささか心もとない．自然再生がいくら理念として自然と社会やひとびととの関係改善を掲げたとしても，取り組みやモニタリングが生態学的な機能の復元や生態学的な情報の収集を意図するだけに終わり，また，ひとびとや社会への働きかけが「啓蒙」や「きっかけ」だけに終わっているとすれば，結果的に自然再生は，日常的な世界から暗黙のうちに乖離してしまうからである．

　むしろ，そもそもの要因が日常的な生活の営みの変化にあるのなら，水辺の「再生」もまた，いまの生活の営みや地域社会のあり方を再考するところから始まってもよいはずである．そのことをふまえれば，自然再生の本質的な対象は，おそらく「湖岸植生帯」という純粋な自然環境そのものではない．「再生」されるべきは，ひとびとの日常の世界における水辺との「かかわり」であり，生活の文脈における水辺の位置づけの「再生」ともいえるだろう（図10.5）．当然のことながら，地域社会はその担い手として不可欠な存在となるはずである．

　したがって，自然再生は，どのような取り組みを行うにしろ，自然環境そのものを操作することにばかり目を奪われるべきではない．むしろ，自然再生において本質的に対象としなければならないのは，「ひとと自然のかかわり」であり，現状の「かかわり」を乗り越えようとするならば，まぎれもな

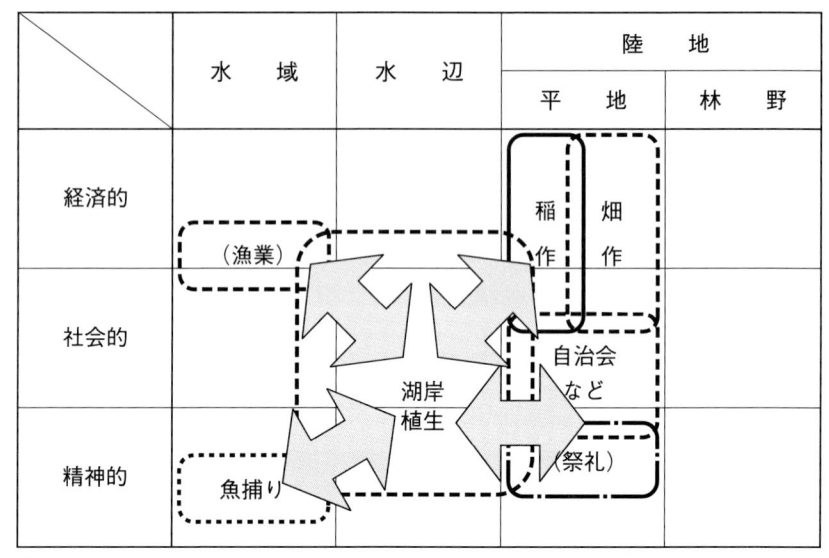

	水　域	水　辺	陸　地	
			平　地	林　野
経済的	（漁業）		稲作 ／ 畑作	
社会的		湖岸植生	自治会など	
精神的	魚捕り		（祭礼）	

図 10.5　日常における「かかわり」の再生

く「変わるのは私たち」である．その意味でも，霞ヶ浦で行われているアサザプロジェクトが 100 年という時間スケールで計画を掲げていることは示唆に富んでいる．この 100 年単位の時間は，たんに自然環境のためにあるのではなく，じつは私たちや社会と自然との「かかわり」を変えていくために必要な時間であるといえるだろう．

参考文献
堀川三郎（1998）歴史的環境保存と地域再生——町並み保存における「場所性」の争点化．舩橋晴俊・飯島伸子編『環境』，東京大学出版会，東京，103-132．
飯島博（2003）アサザプロジェクトの挑戦——湖が社会を変える．嘉田由紀子編『水をめぐる人と自然——日本と世界の現場から』，有斐閣，東京，153-195．
井上真・宮内泰介編（2001）『コモンズの社会学——森・川・海の資源共同管理を考える』，新曜社，東京．
石岡市文化財関係史料編纂会編（1996）『石岡の地名——ひたちのみやこ 1300 年の物語』，石岡市，茨城．
嘉田由紀子・遊磨正秀（2000）『水辺遊びの生態学——琵琶湖地域の三世代の語りから』，農文協，東京．
環境省編（2002）『新・生物多様性国家戦略——自然の保全と再生のための基本計画』，ぎょうせい，東京．

河川環境管理財団（2002）『第5回　霞ヶ浦の湖岸植生帯の保全に係る検討会　検討会資料——霞ヶ浦湖岸植生の減退要因の検討について』, 河川環境管理財団, 東京.
桑子敏雄（1999）『環境の哲学』, 講談社, 東京.
松井健（1998）『文化学の脱＝構築——琉球弧からの視座』, 榕樹書林, 沖縄.
中村圭吾・西廣淳・島谷幸宏（2000）霞ヶ浦（西浦）におけるヨシ原を中心とした沿岸植生帯の縮小化と分断化に関する現状. 環境システム研究論文集 28：307-312.
関礼子（1999）どんな自然を守るのか——山と海の自然保護. 鬼頭秀一編『環境の豊かさを求めて——理念と運動』, 昭和堂, 京都, 104-125.
菅豊（2001）自然をめぐる労働論からの民俗学批評. 国立歴史民俗博物館研究報告 87：53-74.
武内和彦・鷲谷いづみ・恒川篤史編（2001）『里山の環境学』, 東京大学出版会, 東京.
鳥越皓之編（1989）『環境問題の社会理論——生活環境主義の立場から』, 御茶の水書房, 東京.
鳥越皓之・嘉田由紀子編（1984）『水と人の環境史——琵琶湖報告書』, 御茶の水書房, 東京.
鷲谷いづみ・飯島博編（1999）『よみがえれアサザ咲く水辺——霞ヶ浦からの挑戦』, 文一総合出版, 東京.
鷲谷いづみ・草刈秀紀編（2003）『自然再生事業——生物多様性の回復をめざして』, 築地書館, 東京.

第11章
市民参加の昆虫モニタリング

須田真一

　地域の昆虫情報を継続的に集積するためにはいくつかの方法が考えられる．しかし，個人あるいは市民団体レベルで情報の集積を行う場合は，市民参加型の生物調査の手法を利用することの利点は大きい．私たちは居住する東京都杉並区を中心とした東京都の昆虫相の情報を長年にわたり集積してきた．これは自ら調査に赴くことで集めたものも多いが，個人の能力には限界がある．そこで現在では，市民参加型調査の手法を参考とした「昆虫情報集積システム」を企画運営することで効率的な情報の集積を行い，地域の環境調査などに活用している．本章ではまず，地域の生物情報を得る方法について整理を行ったうえで，昆虫情報集積システムの概要とその活用について具体的な事例をもとに述べていきたい．

1．「地域の生物情報」とはなにか

　「地域の生物情報」とは，ある地域に生息する生物に関する情報のことである．生物情報では「どの種類が（種に関する情報）」「いつ（時期に関する情報）」「どこに（場所に関する情報）」いたか，いなかったか，という情報が基本となる．

　地域に生息する種を明らかにすることで，そこの自然環境や生態系のあらましを知ることができる．また，地域の環境保全やまちづくりの計画を立案する際の基礎的な情報として必要不可欠なものである．

　時期に関する情報は，おもに種に関する情報の精度を補足するために必要なものである．確認された時期を知ることによって，地域におけるその種の生息状況や行動，移動状況などを知ることができる．また，種によっては同

定精度の確認を行うこともできる．

　場所に関する情報は，地域の環境保全やまちづくりの計画を具体的に立案する際に重要となる情報である．確認された場所はその種が生息するのに十分な場所であるか，環境が改変されるおそれはないか，とくに重点的に保全すべき場所はどこか，などを判断するためには必要不可欠なものである．

　これらの情報は調査の目的やその活用方法によって，それぞれに求められる精度が異なってくる．調査を開始する前に，得られた生物情報をどのような目的で活用するのかをなるべく具体的に設定し，それに見合った精度で生物情報を収集することが望ましい．

2. 地域の生物情報を得るための方法

　昆虫をはじめとする地域の生物情報を得るための方法としては，文献（資料）調査と実地調査に大きく分けられる．文献調査は地域の過去の状況を把握でき，その変遷をたどれるために，すでに衰亡した種や生物群集の再生事業や，その際の目標設定を行う場合によく活用される．しかし，必要とする情報が必ずしもあるとは限らず，情報精度の検証や確認もしばしば困難であることが難点である．

　実地調査では過去の状況や変遷を知ることはできないが，地域の生物相の現状を把握できることに加え，情報精度の検証や確認を行うことも可能である．さらに必要とする情報やその精度などを任意に設定することができるために，これからの生物保全やまちづくりの計画に活用されることが多い．

　実地調査によって生物情報を得る具体的な手段としては，まず，専門的な技術やスタッフを有する環境コンサルタントやNGOなどの専門機関に調査を委託することがあげられる．専門家が調査にあたるために精度の高い情報を比較的短期間で集中的に得られることが最大の利点である．しかし，それには相応の多額の費用が必要なため，個人的なレベルで委託することはほぼ不可能である．行政機関などを通じて委託した場合でも，委託先と長期間・継続的なかかわりをもちにくいことが多いために，この方法で生物情報を長期間継続的に得ることは一般に困難といえる．

　地域の生物に関心のある市民団体やNPOの行った調査や情報を利用する

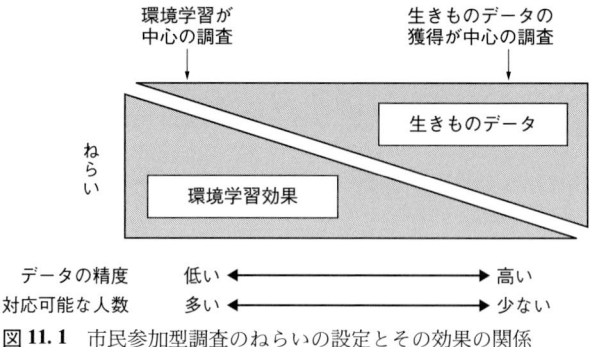

図 11.1 市民参加型調査のねらいの設定とその効果の関係
(藤原ほか, 2003 より改変)

ことが有効なこともある．しかし，必要とする情報が必ずしもあるとは限らず，情報の精度にもばらつきが大きいため，安易に利用するには問題がある．また，団体の数が多いような場合には，そのすべてにかかわりをもつことがむずかしい．

近年，地域の生物情報を得る効果的な手段として注目されているのは，市民参加型の調査を企画運営する方法である．その利点としてまずあげられることは，情報を必要とする側が企画運営することにより，自ら精度管理を行えることや，必要な範囲の生物情報を効果的・継続的に得ることができることにある．さらに地域在住の人々が調査主体となるために頻度の高い調査が可能であり，同時に地域の生物相に対する興味や理解，知識の向上などの環境学習効果が期待できることも，ほかの調査法にはない利点である．しかし，精度の高い生物調査を行うには相応の専門知識が必要であり，そのような人材はなかなか集まらないこともある．反対に環境学習的な面に重点をおけば参加者は大勢集まるが，ほとんどの人は専門知識をもち合わせていないために生物情報の精度や信頼度が低くなることが懸念される（図 11.1）．そのため，精度の高い生物調査と環境学習効果の双方を両立させることは必ずしも容易ではない．

3. 情報精度の面からみた市民参加型調査の問題点

従来の市民参加型調査の多くは，配布されたガイドブックや地図などを参

考に，調査員が任意の時間に任意の場所を自由に調査する「セルフ調査」によって行われてきた．この方法はだれでも気軽に調査を行える一方，調査結果に時間空間的なばらつきや偏りが多くできてしまい，定量的・客観的な情報を得ることはむずかしい．とくに面的な調査を行う場合には，調査員の配置を考慮しないと，できあがった分布地図は対象生物の分布ではなく，調査員の分布を表してしまうことすらある．また，調査員は必ずしも対象とする生物にくわしい人とは限らないため，個人によって同定精度に大きなばらつきがみられる．とくに昆虫など小型で近似種の多い種群ではなおさらであり，近似種でありながらその生態的な位置づけが異なる種などが混同された場合には，調査結果の信頼性に大きく影響してしまう．同じ人でも調査対象の生物群が異なれば精度も異なることが多く，標本や写真などの証拠物がない場合には後から精度の検証をすることも不可能である．さらに調査対象となる生物群が多種多様であったり，調査方法や調査票の記入方法なども複雑な専門的手法を用いると調査員の労力的負担が増し，結果としてモチベーションの低下を招き，調査を継続することがむずかしくなる，などの点が問題点としてあげられる．

4. 市民参加型調査によって精度の高い生物情報を得るためには

　以上の問題点から，市民参加型調査によって得られた生物情報は，多くの場合「目安」や「参考」程度に扱われ，その信頼性や活用の点からはかえりみられることが少なかった．しかし，市民参加型で行われた調査のなかにも，環境学習的な効果のみならず，精度の高い生物情報も同時に得ることのできた「成功例」も見受けられる．たとえば神奈川県平塚市立博物館では学芸員の浜口哲一氏の指導のもと，調査場所の指定や調査研修会の開催，対象生物の絞り込みや証拠主義を用いることによって精度の高い調査を長期間にわたって継続している（浜口 1998）．国土交通省（旧建設省）土木研究所緑化生態研究室・東京都武蔵野市緑化公園課・（社）日本環境フォーラムによって企画運営された市民調査組織である「むさしの自然指標調査会（略称MBR）」による調査では，対象生物であるチョウ類とトンボ類の誘致施設と

調査員を調査地域である武蔵野市全域をカバーするように配置し，そこでの定期的な定点調査を中心として，誘致されにくい種の情報を補完するためのセンサス調査の併用，および定期的な調査研修会の開催，ガイドブックや調査票を使いやすくすることなどによって精度の高い生物情報を得ることに成功している（藤原ほか 2003）．さらに環境省の身近な生きもの調査も，現在ではガイドブックや調査票の改良，対象生物の絞り込みと証拠主義によって生物情報としての精度を高めるように工夫されてきている．これらの事例は，調査体制の構築や運営方法，情報の精度管理などに工夫を凝らすことによって，市民参加型調査によっても十分活用に耐える高い精度の生物情報を得ることが可能であることを示しており，その手法には一定の共通点があることがうかがえる．

5. 市民参加型調査の手法に学んだ昆虫情報集積システムの企画と運営

私たちは，地域の昆虫情報の集積を行うために，既存の市民参加型調査の利点や問題点を参考に独自の昆虫情報集積システムを構築し，効率的な情報の収集に成功している．ここでは長年にわたって運営してきたそのシステムの概要を紹介する．

まず，少なくとも組織的な調査を行う場合には，その主体となる団体を立ち上げる必要があるため，任意団体である「むさしの自然史研究会」を設立した．この団体は，昆虫研究家である須田孫七氏を中心として，約 20 名程度の人員で構成されている．その内訳は昆虫やその他の生物にくわしい専門的な数人の中心メンバーと，調査にあたる市民調査員からなりたっている．いまのところ，少人数の任意団体でもあることから，とくに定まった組織体制や会則の設置，会費徴収などは行わず，必要に応じた柔軟な運営を行っている．活動に必要な経費は，地方自治体などが行う自然環境調査の請負や，民間の助成金などを活用している．調査員のほとんどは，市民観察会や講習会などの参加者からの勧誘や申し出，メンバーからの紹介によって集まった人々である．もっとも重要なことは知識の有無よりも，昆虫をふくむ生物や自然，生物調査に興味をもって自ら行動するような人の参加である．たとえ

昆虫やその他の生物に関する知識の高い人であっても，自ら積極的に動くことのない人は，長続きしないことが多い．

調査対象は昆虫全般としている．ただし，昆虫であっても，興味や知識のある分類群は調査員によってまちまちであり，そのまま漠然と調査をお願いすると，それ以外の分類群の調査はおろそかになってしまうことが往々にしてある．そのために各調査員が調査を通じて昆虫全般に対する興味と知識を高め，調査能力が身につくような調査運営方針を立てることが大切である．反対に，特定の分類群に対して際立った興味や力量をもった人には，その分類群の調査を中心にお願いする場合もある．

調査範囲は基本的に東京都全域としている．調査方法はおおむねセルフ調査によって行っているが，各調査員にはそれぞれが日常的に調査しやすい場所（たとえば自宅の庭や近所の公園，散歩や買いもののコースなど）をもってもらい，そこではできるだけ定期的な調査を行ってもらうようにしている．また，自治体調査の請負や，民間助成金を得て調査を行う場合には，それに応じた範囲と調査方法を用いて集中的に行う．それによって，ある地域の昆虫情報を集中的に得ることができ，報告書などによって成果を公表した後であれば，そのデータを自ら活用することもできるため，まさに一石二鳥である．

このシステムの目的としてもっとも重要な点は，精度の高い昆虫情報を得ることにあるため，基本的に標本や写真などによる証拠主義をとるようにしている．ある程度調査に慣れてくると，一般的にみられる昆虫のかなり多くのものは，目視のみによっても正確な同定ができるようになってくるが，少しでも不安なものや，まぎらわしいものについてはできる限り証拠をとるようにしている．この場合の標本や写真は，同定資料としての要件を満たしていればよいため，必ずしも立派なものでなくてもかまわない（図 11.2）．大切なのはその種の特徴がよくわかることであり，とくに写真の場合は撮影時のアングルなどによって特徴が不明確になってしまうことがあるので注意が必要である．簡単な絵や，集まっていた植物，生態・形態的な特徴などの情報を記入してもらうことで同定が可能となる場合もあるので，得られた情報については細かなことでもできる限り報告するようにしている．

さらに調査で得られた情報については，すべてを複数の中心メンバーによ

図 11.2 同定資料としての写真の例
種の特徴がきちんととらえられていることがなによりも重要である．この写真は専門家がみれば，コノシメトンボのオスであることがすぐにわかる．

ってスクリーニングし，その採用の可否を判断するようにしている．とくに分類のむずかしい種などは，外部の専門家に同定を依頼する場合もある．しかし，もっとも大切なことは，まずは調査員自身にできる範囲・わかる範囲で同定してもらうことである．これを毎回行うことで，調査員の同定能力の向上につながり，また，自分の得手不得手を自覚してもらうことにより，その後の情報精度の向上にもつながる．

　ガイドブックや調査用地図，調査票の使いやすさやわかりやすさも調査の精度に大きく影響する事項である．このシステムではとくにガイドブックは作成していないが，必要に応じて簡単な調査マニュアル的なものを作成している．調査用地図は，できればメッシュコードの入ったものが望ましい（図 11.3）．

　近年ではコンピューターを使った情報処理を行うため，その際の位置情報としてメッシュコードを利用することにより，さまざまな処理が簡単になる

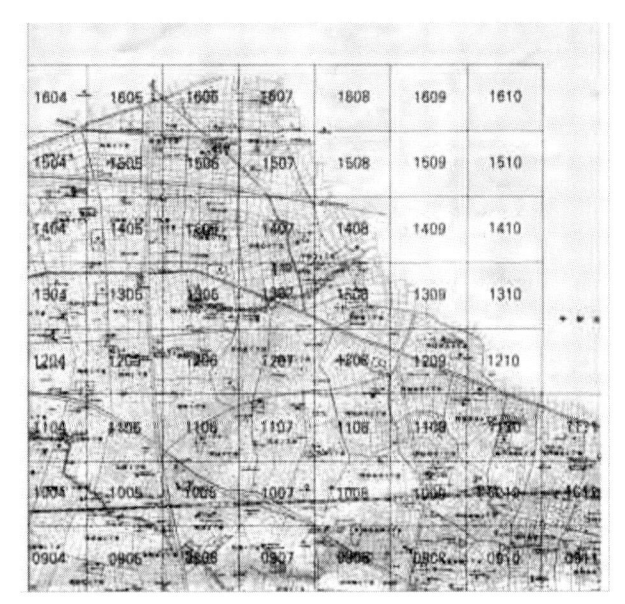

図 11.3 調査用メッシュ地図の例（東京都杉並区）
自治体レベルの調査では四次メッシュを用いると詳細なデータを集積できる．また，独自のメッシュを用いる場合も見受けられる．

ばかりでなく，正確な確認位置を再現できるために，過去との比較や，植生や植被率，市街化率など，ほかの環境情報と組み合わせて解析することが可能となる．しかし，多くの人にとって数字の羅列であるメッシュコードはなじみの薄いものであり，地図上での位置を的確に判断し，そこのメッシュコードを調査票に正確に記入することは，一見簡単にみえて，じつはかなり困難なことである．そのため，調査票記入の段階では，その場所の詳細な地名や，橋，公園，学校など，ランドマークとなるものの名称やそれらとの位置関係のみでもよく，市街地であれば，番地を記入することにより，後からでもかなり正確にメッシュコードとして再現することが可能である．また，メッシュコードを記入した場合にも必ずこれらの事項も記入してもらうようにすれば，後からの検証や訂正も容易に行える．さらに環境写真が撮影してあれば，それから位置情報の再現を行える場合もある．

　調査票はできる限り記入しやすく作成することが肝心である（図 11.4）．さらに提出の際には必ず調査した人（記入した人）の氏名と連絡先を調査票

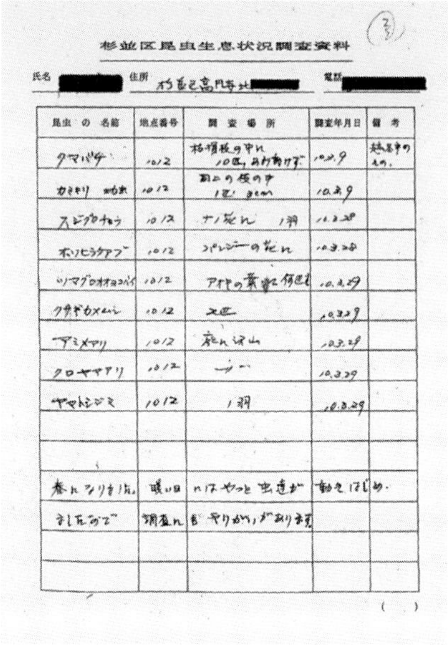

図 11. 4　手書き用調査表の例（東京都杉並区）
調査票は A4 か B5 程度の紙に出力した手書き用のものと，表計算ソフトで作成した電子ファイルの双方を準備する．

ごとに明記してもらうことが大切である．これによって，後からの情報の確認や検証をスムーズに行うことができる．また，提出の方法も，個人によって使いやすいものが違うため，郵送，Fax，e-mail など，複数の方法を用意することが調査表の提出率の向上につながる．一般にそこに目的の生物がいた情報（ON 情報）は報告されるが，反対になにもみつからなかった情報（OFF 情報）は報告されないことが多い．しかし，生物情報の面からは，OFF 情報は ON 情報と同等の価値をもち，調査してもみつからなかった場合と，調査していないからみつからない場合ではその意味は大きく異なる．したがって，かりになにもみつからなかった場合にも確実に調査票を提出してもらうことが重要である．そのためにも記入しやすいフォーマットと提出しやすい環境を整えることが大切となる．
　従来の市民参加型調査では，調査結果のまちがいなどを本人に指摘することや，運営側や専門家と調査員との直接対話できる場の設置，定期的な調査

講習会などは行われていないことが多い．そのために情報や人員の交流が一方通行または疎遠となる場合がしばしば見受けられる．また，調査によって得られた生物情報が，その後どのように活用されるのかも不明確な場合も多い．このような状況では，調査員が自らの知識や技術を磨くことができず，自分のやっていることの意義もわからず，ひいては調査に対するモチベーションの低下にもつながる．この部分の運営をしっかり行うことは，情報精度の管理とともに，市民参加型調査を運営する際にもっとも重要なことの1つである．そのことは，いままでの市民参加型調査の「成功例」をみれば明らかである．そのため，このシステムにおいては，まず，専門家である中心メンバーと調査員，あるいは調査員どうしが交流できる場をできるだけ多く設けた．具体的には野外・室内での調査研修会や，知識や調査技術の向上を目的とした観察会・博物館や動植物園の見学会などを適宜行っている（図11.5）．とくに新規参加者や初心者には積極的に参加してもらうようにしている．このことによって，調査にかかわる各人が親しくなるとともに，おたがいに直接情報交換することによって調査に対するモチベーションの維持や向上にもつながる．また，調査の結果についても，必要に応じて調査した本

図 **11.5** 野外調査研修会の様子（むさしの自然指標調査会）
参加者が自ら興味をもてるような運営をすることが大切である．

人に結果やまちがいなどを直接伝えることにより，知識や精度の向上を図るとともに，調査によって得られた成果については，調査員全員がその情報を共有し，いつでも活用できるように心がけている．

しかし，このシステムを運営していくうえでもっとも大切なことは，得られた情報や資料，調査のなかで培われた人材やそのネットワークを維持継承していくことである．これらは多くの場合，調査が終わってしまうと散逸したり，失われてしまうことが多い．とくにすべての基礎となる生データや，調査の中心となって活動してくれる人材はかけがえのないものであり，一度失ってしまうと，二度と取り戻すことができないこともある．情報や資料については最終的には博物館などの公的機関で保存され，公共の利用に供されるべきであるが，人材やネットワークの維持については，たぶんに人付き合いであり，その時々の状況や人柄などによってさまざまに異なってくるため，一概に述べることはできない．

6. 杉並区自然環境調査における昆虫情報集積システムの活用

私の居住する東京都杉並区は23区の西縁に位置する面積34.02 km^2，人口約52万4000人（2003年現在）の自治体である．都心に近いために全域にわたって市街化が進行しており，市街化率は約80％におよぶ．近年，東京都の自治体では自然環境調査が各所で行われている．杉並区においても1985年から5年間隔で，区役所環境清掃部環境課によって自然環境調査が行われている．1回の調査期間は2年間で，現在までに4回の調査が行われ，報告書が出版されている（2005年から2006年にかけて第五次調査が行われている）．調査対象は高等植物・蘚苔類・クモ類・昆虫類・鳥類・哺乳類であり，調査員による実地調査によって行っている．同定や他種との判別が容易な若干の種に関しては区民アンケートによる調査も行っているが，これは生物情報を得るとともに，環境学習的な効果も期待して行っているものである．実地調査については，分類群により，専門家のみで調査を行ったものと，市民参加型で調査を行ったものがある．ここでは2000年から2001年にかけて行われた第四次調査時における昆虫類の調査方法と結果の概要について述

べる．

　昆虫類の調査は，むさしの自然史研究会が昆虫情報集積システムによる市民参加型調査によって行った．現地調査員は 25 名で，そのうち専門家は 5 名，市民調査員は 20 名である．調査範囲は基本的に区内全域であるが，そのなかに区内の環境を代表する 10 カ所の定点調査地を設けた（図 11.6）．

　調査方法はルッキングやスウィーピングなどの一般的な昆虫調査法により，セルフ調査で行ったが，夜行性昆虫類を対象としたライトトラップは今回実施しなかった．定点調査地においては，各調査員にそれぞれ担当地域を割り振り，4 月から 10 月まで，原則月 2 回の調査を行った．定点調査はなるべく数人のグループで行うこととし，だれかが急用などで調査できないことがあっても，調査自体の抜けがないように配慮した．また，グループで調査することによって，調査員どうしの交流によるモチベーションの維持や，知識や技術の向上などの効果もみられた．調査研修会は調査期間を通じて原則月 1 回以上行った．悪天候などによる定点調査の抜けなどもあったが，2 年間で延べ 200 回程度の実地調査を行うことができた．市民アンケートには約

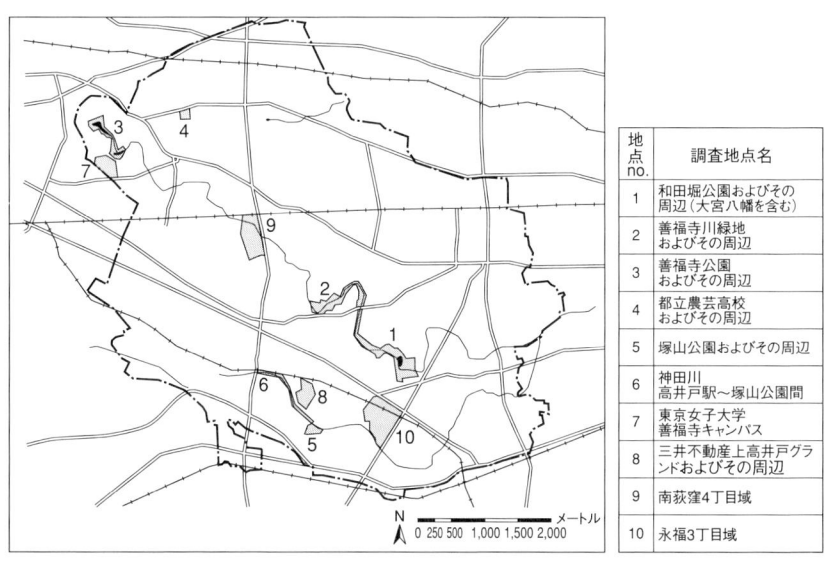

地点 no.	調査地点名
1	和田堀公園およびその周辺（大宮八幡を含む）
2	善福寺川緑地およびその周辺
3	善福寺公園およびその周辺
4	都立農芸高校およびその周辺
5	塚山公園およびその周辺
6	神田川 高井戸駅〜塚山公園間
7	東京女子大学 善福寺キャンパス
8	三井不動産上高井戸グランドおよびその周辺
9	南荻窪4丁目域
10	永福3丁目域

図 11.6 杉並区自然環境調査における昆虫定点調査地（東京都杉並区）
公園や緑地，住宅地など，区内を代表する各環境を選定した．

600名の参加があった．

　その結果，区内からは17目138科413種の昆虫類が確認された．ライトトラップを行わなかったことから，ガ類を中心とした夜行性昆虫類があまり確認されず，種数は若干低くとどまった．しかし，東京都区部では近年の記録がほとんどみられない種やきわめてまれな種，区内ではすでに絶滅したと考えられていた種なども確認された．これらの多くは定点調査地において確認されたものであり，同じ場所で頻度高く調査することの有効性が示されたといえよう．また，第一次調査からの累計では18目187科860種となった．これはほかの区で行われている調査と比較しても，とくに主要な分類群においては高い精度を満たしており，市民参加型調査においても十分な調査が行えたといえよう．

　しかし，微小な種が占める分類群や，専門的な知識や調査同定能力を必要とする分類群については網羅的な調査が行えたとはいえず，このあたりを評価することによって，市民参加型における昆虫調査の可能性と限界がみえてくるものと考えられる．ちなみに東京都区部の自然環境調査でもっとも多くの種数が記録されているのは大田区の1491種，ついで板橋区の1288種であるが，これはさまざまな分類群の昆虫の専門家がかかわり，綿密な調査を行った結果である．この種数の差をもたらしている分類群が，すなわち市民参加型では調査することが困難なものと考えることもできる．

　調査結果のまとめと公表については，通常作成される調査報告書とともに，アンケート調査の結果を中心にまとめた一般向け報告書を別途作成した．これはアンケート参加者や区民向けに広く配布することにより，区内の自然環境や生物に対する興味や理解をもってもらうことを目的としている．なお，得られた昆虫情報の基礎データは，紙面の都合上，調査報告書に掲載することができなかった．しかし，昆虫の研究者や環境保全などにかかわる人々にとっては，これがもっとも必要な情報でもあることから，別途取りまとめて公表する予定である．

7．ともに「楽しくためになる」昆虫調査とするために

　市民参加型昆虫調査の調査員となってくれる人のほとんどは，自ら率先し

て参加してくれる．そのなかには昆虫に関する知識のある人もない人もいるが，「昆虫や調査に興味や関心がある」点は，すべての参加者に共通している．また，調査を企画運営する側の専門家も「昆虫や調査に興味や関心がある」人にほかならない．調査員と専門家との間には，しばしば目にみえない壁のようなものができてしまうことがあるが，この共通項で話をすれば，知識や年齢などの差はほとんど感じられないものである．市民参加型調査においては，おたがいの意思や情報のやりとりがスムーズにできてこそ，よい調査が行えるものである．そのためにもおたがい同じ場の上に立ち，同じ目線でものをみて，話し合うことが大切なことである．

　また，専門家が調査員に対して，必要以上に高度な調査を要求したり，知識を「押し売り」するようなことは避けなければいけない．やってもらいたいことがある場合にはそれにまず興味をもってもらい，調査員自らが取り組む環境づくりをすることが大切である．知識についても過剰なものは，たとえ教えてもほとんどの場合身につかない．そればかりか，必要な情報まで受け入れてもらえなくなる場合もあるので注意が必要である．また，各調査員の知識や技術，興味の対象にはどうしても個人差が生じてしまう．それをよく見極めて，各調査員の力量や興味に見合った調査を割り振ったり，不得意なことが上達するようなしくみを考えることも，効率的な調査を行ううえでは大切なことである．

　市民参加型調査における専門家の役割としては，「先生」的なかかわり方が一般的なものであると思うが，もっとも大切なことは，調査員自らが主体的に昆虫の世界や自然とかかわれる場を提供することにある．昆虫に限らず，生物や自然の知識は，自分でその場に行って実際に体験してみなければなかなか身につかないものである．また，各調査員が，自分のやっていることの意義や，そのなかでの役割，知識や技術の向上を楽しみながら実感できることが調査の継続につながる．これらの人が新たな軸となり，新たな人材の発掘や育成を行うことで，地域に知識と情報のネットワークが形成され，広域的な情報収集が長期間・継続的に可能となる．調査体制の構築や，情報精度の管理も大切なことではあるが，楽しくないことや，どうなるかわからないことはだれでもやりたくなくなるので，いかに参加者に対して，昆虫や自然のおもしろさ，調査の楽しさやその意義を伝えていけるかが，市民参加型調

査を成功させるもっとも重要な鍵となるといえるであろう．

参考文献
藤原宣夫・日置佳之・須田真一（2003）『——MBR 方式による——住民参加の生きもの調査ガイドブック』，国土技術政策総合研究所資料 No.139．
浜口哲一（1998）『生きもの地図が語る街の自然』，岩波書店，東京．

第12章
市民モニタリングが拓く新しいまちづくりの可能性

向山玲衣・飯島博

1. アサザプロジェクトのまちづくり

"湖沼法に基づく指定湖沼"霞ヶ浦・北浦の自然再生のためには,湖と流域を一体のものととらえ,行政界などの縦割りを越えて流域全体を覆うネットワークを構築し,機能させる取り組みが不可欠である.

市民型公共事業「霞ヶ浦・北浦アサザプロジェクト」は,小学校を中心とした"学区"を地域コミュニティの基本単位とし,地域と地域,地域と霞ヶ浦を結ぶ環境教育プログラムによって,流域全体におよぶ事業展開を行っている(図12.1).これらの取り組みを深めるためには,各地域コミュニティの活性化が必要となる(飯島 2005a).ここではアサザプロジェクトが取り組んでいるまちづくり(地域コミュニティ活性化)の学習プログラムについて紹介する.

2. まちづくり学習プログラムの基本フロー

まちづくり学習は,"生きものと共生するまちづくり"をめざすものである.そしてそれは,まちづくりの推進役である子どもたちによる,1つの「気づき」から始まる.学校にやってきた生きものをよく観察していると,子どもたちは生きものにも道があることに気づく.人間とはずいぶん違う道である.しかし,人間の地図には生きものの道が書かれていない.生きものの道はどこからどこへ向かっているのだろう.生きものの道の地図がないと,生きものと暮らすまちづくりはできない.そこで,生きものの道の地図をつくろうとよびかける.

174　第12章　市民モニタリングが拓く新しいまちづくりの可能性

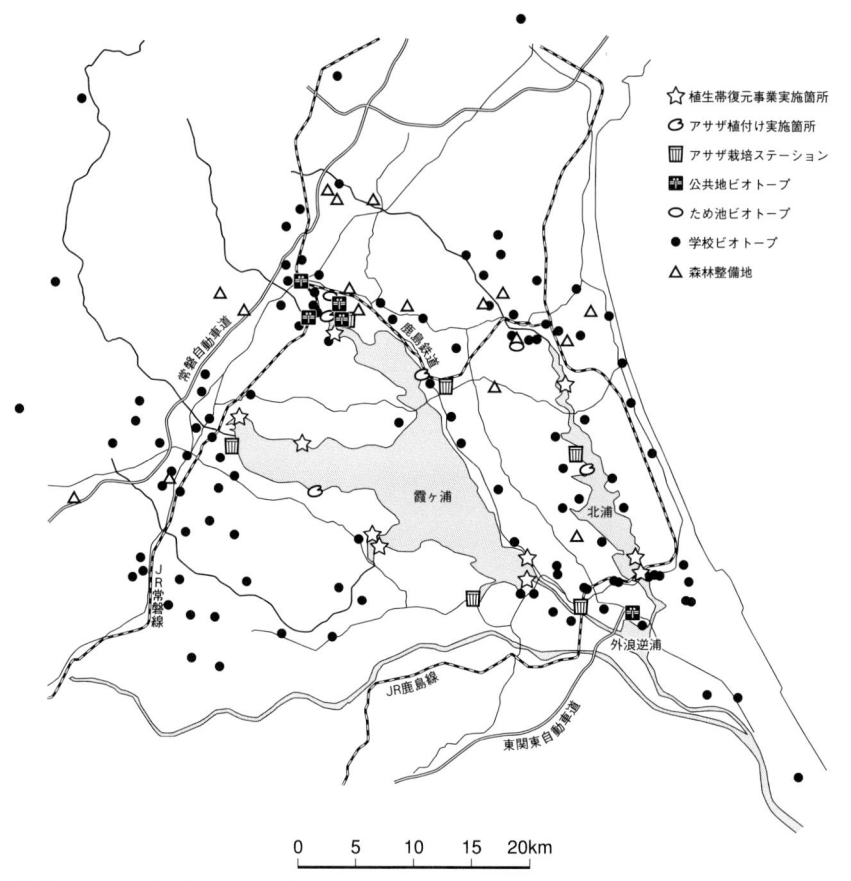

図 12.1　霞ヶ浦・北浦流域に広がる学校ビオトープネットワーク

　まちでみかけた生きものを地図に落としていくと，うっすらと生きものの道がみえてくる（図12.2）．さらに，人の地図と生きものの地図を重ね合わせてみる．どんなところが共生の阻害要因になっているのだろうか．ただし，人間の視点でみている限り，阻害要因は阻害要因でしかない．子どもたちには生きものの視点をもつための方法を教える．"他者"としての生きものの視点をもつことで，日常空間の読み直しを行う．この学習プログラムをとおして子どもたちは，地域の可能性を発見し，阻害要因の改善策まで考えることができるようになる．

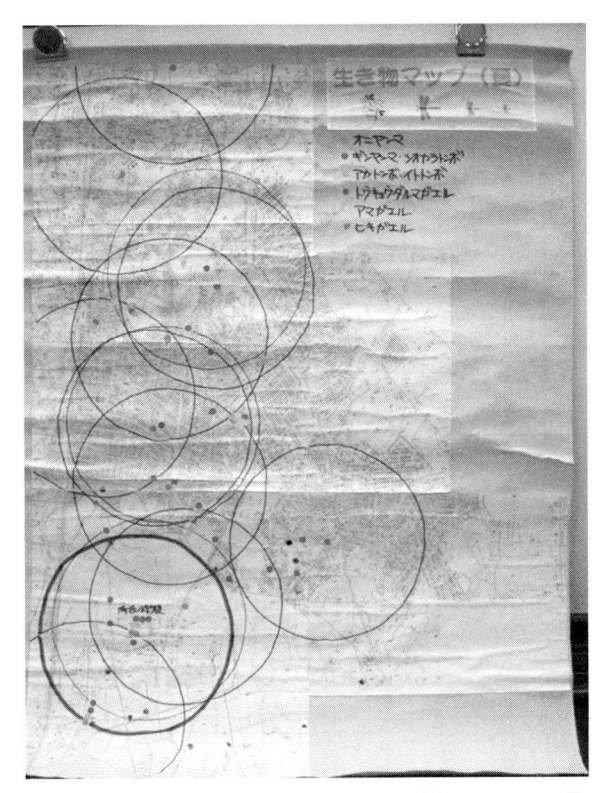

図 12.2　牛久市の小学生がつくった学区の"生きものマップ"

　自然再生や自然と共生するまちづくりの取り組みをとおして学んだ経験，培われた視点は他分野のまちづくりにも応用できる．すなわち福祉や防災を目的としたまちづくりの過程にも取り込まれ，"自然再生"をまちづくりのなかに位置づけることができる（図 12.3）．

3. 茨城県牛久市での実践例

(1)　牛久の地域特性を活かして──「人と河童が出会うまちづくり」

　2. をふまえて，地域ごとの特性を活かした学習プログラムを構成する．牛久市に関しては，地域特性を以下のようにとらえた．

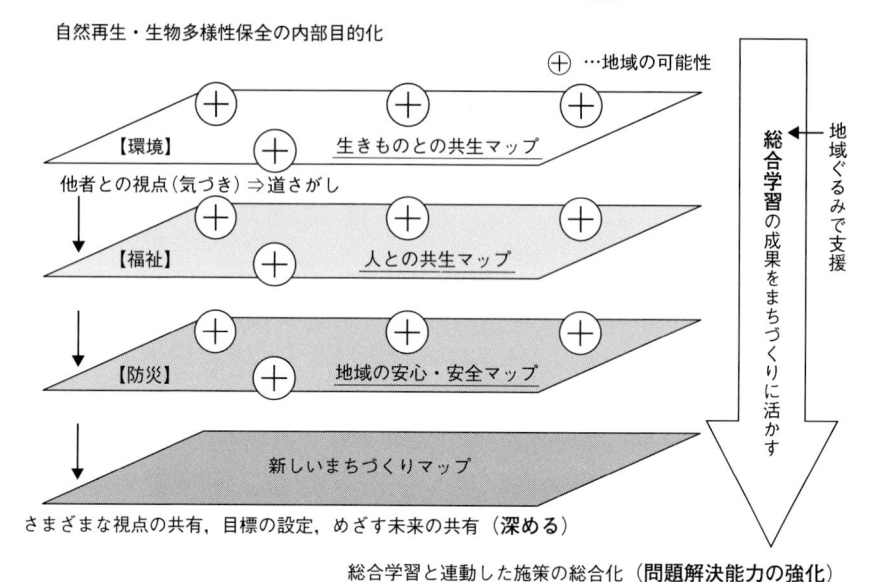

自然再生・生物多様性保全の内部目的化

図 12.3　自然再生を内部目的化したまちづくりのフロー

　東西を小野川（霞ヶ浦流入河川）と牛久沼の低地に挟まれた稲敷台地の中央部に向かって，何本もの樹枝状の谷津田が入り込んでいる．この谷津田の1つ1つがそれぞれに水源の基本単位となって，より大きな水系（河川・湖沼）につながり，広大なネットワークをつくっている（図12.4）．この水域と台地の組合せが水に恵まれた環境をつくり，生物相を豊かなものにしている（飯島 1993）．谷津田は地域生態系の基本単位，水源の基本単位であり，集落の基本単位である（飯島 1989）．谷津田は，人と自然の共存のシステムがつくられてきた基本単位として，今後のまちづくりにも活かされなければならない（飯島 1993）．

　谷津田に恵まれる牛久市は，河童の伝承で有名である．本プログラムでは河童を「地域の生物多様性」「人と自然の共生・交流文化」「子どもたちの夢や創造力」のシンボルとした．かつて水の道・生きものの道として機能していたであろう谷津田を通じて，霞ヶ浦と牛久沼の多様な生物が，交流していたのではないだろうか．

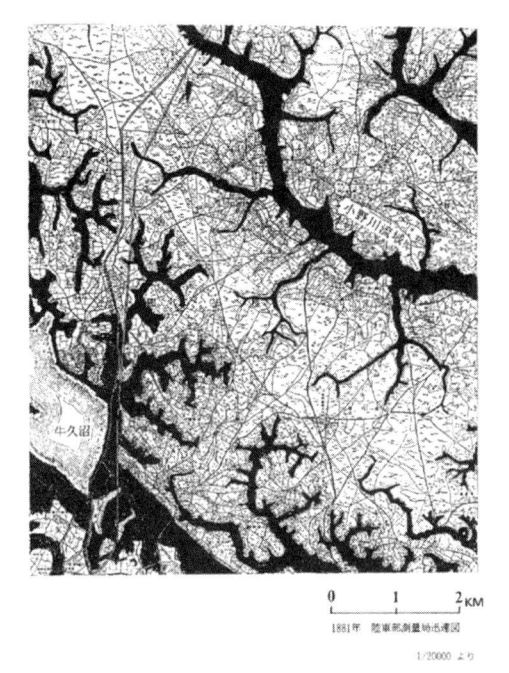

図 12.4　牛久市に分布する谷津田ネットワーク
（霞ヶ浦情報センター　1989）

（2）　事例紹介——河童たちの取り組み

気づき『生きものたちはどこからきたの？』

　学校に集まる生きものをみて，子どもたちは「生きものたちはどこからきたの？」という疑問を抱く．牛久のまちづくり学習は，この素朴な疑問から始まる．この疑問に対する答えとして，観察を基本に『生きものとお話しできるようになる（生きものの視点をもつ）』ことを動機づける．そのためには，生きものの「体のつくり」「くらし」「すみか」をよく知ること，そしてこれらがおたがいに関係していることを理解させる．

　たとえば，プールとビオトープのヤゴを比べる．プールにはアカネ類やシオカラトンボのヤゴが優占する．それに比べ，土でできた浅瀬があり水草が程よく茂るビオトープには，より多様な種が生息している．「どうしてだろう？」と子どもたちに問いかける．トンボの視点で（「くらし」「体のつく

178　第12章　市民モニタリングが拓く新しいまちづくりの可能性

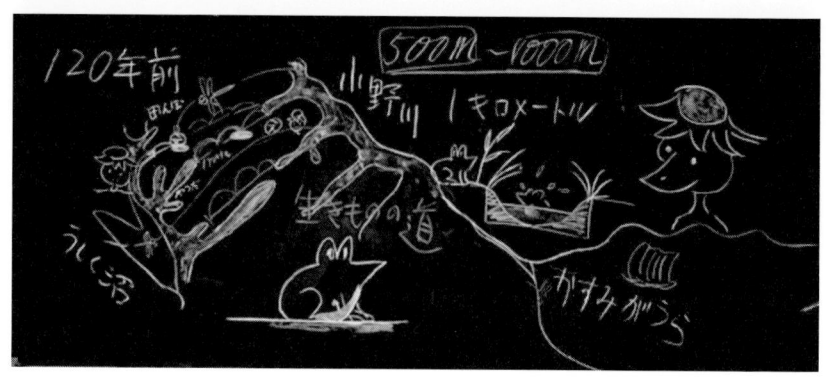

図 12.5　最初の授業(動機づけ)での板書

り」をよく知って),2つの環境(「すみか」)を見直してみる.アカネ類やシオカラトンボは水面に卵を産む,水草のなかや岸辺の土に卵を産みつけるトンボもいる,こういった「くらし」に必要な環境要素がそれぞれの水辺にあるだろうか,トンボの視点で見直してみる.

　生きものの視点をもつことで子どもたちは,見慣れた風景を生きものの生息に必要な環境要素に分けてとらえ,チェックできるようになる.多様な生物の生息のために,環境要素の多様さが必要であることを理解していく.さらに,生物はそれらを複数組み合わせて(水辺と森林,水辺と草原,など)暮らしていること,それらの間を移動する必要があることを学ぶ.

　たとえばカエルの「体のつくり」は「皮膚が薄く乾燥しやすい」.このことから,湿った地面や日陰が,移動できる範囲内に連続して存在する必要がある.指に吸盤のないカエルの場合,コンクリート製の直立護岸やU字溝は登ることができないので,そこを道として使うことはできない.カエルは現在急速に失われている水辺・湿地の指標として有効である.移動能力も低いため,カエルの視点をもつことで学区内の環境をきめ細かに評価していくことが可能となる(学習プログラムではカエルの移動可能距離の限界を約500 m と仮定した;図 12.5).

情報共有『昔の生きものの道はどんなふう?』

　まちづくりの提案を行うにあたっては,地域特性を十分に理解することが

欠かせない．地域特性は地域のもつポテンシャルにほかならず，自然と共存するまちづくりの可能性を示すものだからである．

学習プログラムにおいてはつぎのようにして理解を進める．まず，学校周辺の2枚の地図を用意する．1枚は1880年の迅速図である．田んぼやため池の部分に色を塗る．すると，樹枝状に広がる谷津田のネットワークが浮かび上がる．もう1枚は2000年の都市計画地図で，同様に色を塗ってみる．昔の田んぼが荒地になっていたり，住宅地になっていたりして，昔の地図に比べると塗るところが少ない．2枚を比べると谷津田が減ったことが一目でわかる．

谷津田のネットワークが存在し，機能していたころには，どんな自然があったのだろう？　人々はそのような自然とどうかかわり合っていたのだろう？　これについては，子どもたちが地域のお年寄りから聞き取り調査をする．季節ごと，水辺ごとにどんな遊びをしたか，どんな仕事があったか，どんなものを生活の糧にしたか，聞き取ったことを絵や文に表現する．小野川に近い学校の生徒が聞き取った内容のいくつかはつぎのようであった．

- 小野川がよく氾濫して田んぼが水びたしになった．
- 岸辺は土，橋は木でできていた．水も透きとおっていて川底までみえた．浅いところもあって，歩いたり貝を捕ったり，飛び込んだり泳いだりした．
- ため池，水路，田んぼはつながっていて，小野川とほとんど同じ種類の魚がいた．ウナギは普通に家のそばで捕れたため，いまほどの贅沢品ではなかった．
- 冬は田んぼやため池でスケートをした．
- 昭和40年に入って川が汚れ，遊ばなくなった．

子どもたちは，地域の人々の暮らしの思い出のなかに生きものがあふれていることから，谷津田が生きものの道として機能していたことを感じとることができた．また，共同作業や遊びの様子から，谷津田が地域コミュニティの基本単位にふくまれる重要な要素であったことも理解できたようである．地域の人と自然の共存関係を支えていた，かつての"谷津田ネットワーク"について学んだ子どもたち．では，現代の"谷津田ネットワーク"はどうなっているだろうか．

課題発見『生きものの道をみにいこう！』

　ここまでの学習をとおして，「生きものはどこからどのようにやってきたのか」「昔は生きものが多かったのはどうしてか」といった子どもたちの疑問は深まり，谷津田に対する関心が生まれてきたようである．市内全小中学校は谷津田の近くに立地している．この地域特性を活かして，生きものの道の幹線である谷津田へ子どもたちを導く．それぞれの生きものになりきって，「よいところ」「困るところ」を考える．みつけた生きものは地図に書き込んでおく（図 12.6）．

　すっかりカエルになりきった子どもたちは，斜面林沿いに流れる土水路をみつけ，「林と水辺が近くにあって，その間の地面も湿ってる．水路に落ちても上がれるよ．ケロケロ（最高）！」と声をあげる．深いコンクリート張りの水路をみつけ「ここに落ちたらぼくたち人間も出られないよ．ゲロゲロ（最悪）だ……」と気づく子どもがいる一方，「でもたくさんの水を一気に流すには便利だね……」という人間の立場に立った意見も出る．

図 12.6　カエルの視点でまちを調べる．「どうしたら登れるようになるかな？」

この活動をとおして子どもたちは，まちは人間の視点でつくられている，という実態を知る．「課題発見」の段階に達した子どもたちをつぎの段階，つまり地域の基盤"谷津田ネットワーク"を活かした，生きものと共存するまちづくりの「提案」へと導いてゆく．

発想の転換『生きものの道をつくろう！──実験編』

"谷津田ネットワーク"と学校の位置関係から，「生きものの視点で環境を変えれば，学校も生きものの道の一部として機能するのではないか」と考えた子どもたちは，それを実験によって確かめてみることにした．

小野川に面し，背後に台地の斜面林を有するＳ中学校の子どもたちから出た提案は，既存の水辺であるプールの腰洗い槽を，生きものの視点で改造することであった．「浅瀬と藻があればメダカが増えるのではないか」「浅瀬があればカエルが出入りできるのではないか」「水面があればトンボが水辺であると認識してやってくるのではないか」「水辺の植物を増やせば，そういうところに卵を産むトンボが増えるのではないか」，これらの仮説をもとに，以下の環境要素を追加した．

- 土でできた浅瀬
- 水面
- 抽水植物（小野川のミクリ，マコモなど）
- 浮葉植物（小野川のコウホネ）
- 沈水植物（小野川のマツモ）

改造前後の出現種を記録し，変化をモニタリングする．造成前の腰洗い槽は水が入っていなかったため，生物を確認できなかった．比較のために，プールの生物をあげておく．

【プール】ヒメアメンボ，ハイイロゲンゴロウ，ミズカマキリ，コミズムシ，ヤゴ（シオカラトンボ，アカネ類），ニホンアマガエル

【造成直後（7月）】メダカ成魚，サカマキガイ（以上は小野川沿い水路より導入），アジアイトトンボ

【造成2カ月後】ミズカマキリ，ヤゴ（シオカラトンボ，アカネ類，クロスジギンヤンマ，ショウジョウトンボ，イトトンボ類），メダカ成魚・稚魚，サカマキガイ，アジアイトトンボ

メダカについては，成魚のみを投入したにもかかわらず，2カ月後に稚魚を確認できたことから，沈水植物などを利用しての繁殖が成功したことがわかる．造成前より増えたトンボは，水辺の植生を好む種類であり，抽水植物，浮葉植物の導入が評価された．抽水植物の密生は同様にイトトンボにも評価されている．背面の斜面林と学校の間にはU字溝があるためか，プールを訪れていたカエルは指に吸盤のあるニホンアマガエルだけであったが，造成後の腰洗い槽では発見できなかった．

腰洗い槽の岸辺を，コンクリート製の直立護岸で覆われた水辺とみなし，環境要素の追加による生物種数の変化をとらえた本実験は，学校教育のなかで実践可能な自然再生・復元のためのモデル実験として位置づけることが可能であろう．

一方，牛久沼水系の谷津頭が複数集まる台地上に立地するU中学校では，谷津田からの生物供給ポテンシャルを把握することを目的に，実験を行った．背の低い草原だったところに，環境要素として，以下の2点を追加した．

- 土でできた浅瀬
- 水面

追加直後に，隣接する谷津田からトウキョウダルマガエルが現れた．谷津田にはトウキョウダルマガエルが生息していること，谷津田から台地上の学校にいたる斜面は，指に吸盤のないトウキョウダルマガエルの移動が可能な状態であることが確認できた．

生きものの声に耳を傾け，働きかけを行うことで，生きものから確かな応答があった．校内でそれを確かめた子どもたちは，再びまちへ出る．この実験を行ったことで，まちをみる目（生きもの，他者の視点）に，より科学的な視点が追加されたのではないだろうか．

発想の転換『生きものの道をつくろう！──提案編』

M小学校は，牛久沼水系の谷津田が南北に枝分かれする分岐点に位置している．南側の枝谷津は湧水や雑木林に恵まれ，湧水を使った稲作も行われている．北側の枝谷津は水田部分が市街地と化し，地形と斜面林によってその名残をとどめるばかりである．生物の移動を想定して，アマガエル班（北の市街地）とアカガエル班（南の枝谷津）に分かれ，それぞれの環境を調べ

た．

　アカガエル班は，指に吸盤がなく，冬，湧水に産卵するニホンアカガエルになりきり，湧水の有無，水辺から森林へのアクセスを調べに行く．アマガエル班は，指に吸盤があり木登りが得意なニホンアマガエルになりきり，小さな水辺や斜面林，生垣の連続性を調べに行く．それぞれの環境の様子，気づいたことを発表し合った．

　アカガエル班は，連続する常緑樹・落葉広葉樹の斜面林に囲まれた田んぼが，秋でも湧水によって湿地状になっていることや，田んぼと斜面林の間の土でできた水路の様子を報告する．一方，アマガエル班は斜面林や生垣の不連続をみつけ，そこが階段や道路でさえぎられていることを確認，報告する．不連続な場所は数えるほどであったが，アカガエル班の環境と比べると，水辺が極端に少ないことが感じられた．発表し合うことでアマガエル班は，アカガエル班が報告した環境要素の組合せを，自分たちの調査した地域がもつ本来の地域特性として理解することができた．

　生きものの発見箇所を記した地図と実際にみた様子から，生きものの道が途切れていると考えられるところを具体的に設定し，そこをどのように改善したらよいかという提案を，以下に示す順序で具体化させた．

　① 　生きものの視点での要求
　② 　人間の視点での要求
　③ 　①と②双方を満たす提案（多くの主体の協力が必要——長期的目標）
　④ 　③のうち，すぐに実現できそうなこと（短期的目標）

　このうち②は，自分たちで考えた①について両親や近隣住民，行政関係課などいろいろな人の意見を聞き，さらにどうしたら生きものと人間，双方の要求を満たせるか討論した．以下は最終的な提案内容である（図 12.7）．

- （斜面林は階段によって分断されていたため）階段の横にスロープをつける．カエルだけでなく，足の不自由な人も歩きやすい．
- （斜面林から生垣へ移る際に道路や側溝があるため）側溝にカエルが上がれるぐらいの小さな階段をつける．
- （斜面の一部にコンクリートの斜面があるため）コンクリートの斜面の上から土を被せて植物を植える．
- （生きものの道を分断するように大きな道路があるため）生きものの道

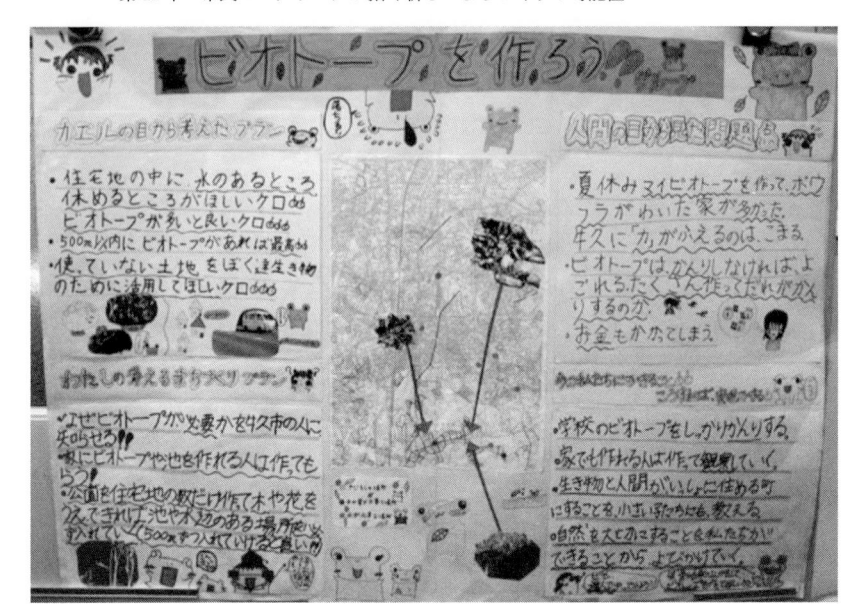

図 12.7 子どもたちのまちづくり提案の一例
生きものの移動可能距離も考えて提案している．

の地図を市の人にみせて道路や建物をつくってよいところと悪いところを知らせる．
- 生きものの道がわかるようになるために，みんなで生きものと仲よく暮らすための勉強をし，小さい子たちにも教えたい．
- 500 m ごとなら，少しずつ協力できるはず．まずは学校や家にビオトープをつくったり，すでにあるもの（生け垣や公園など）をよくすることを考えたい．
- まちづくりプランをみんなに伝えたい．どうしたらできるのか，地区の人たちと話し合いたい．

実際にまちを歩くことで得た，きめ細かな調査結果を活かした提案は，具体的で現実的である．まちに対してプラスの働きかけをしていこうとする子どもたちに，より多くの人の前で発表する機会が与えられることになった．

行動『牛久の可能性を発見しよう──交流編』

まちづくり学習に参加した12校は，牛久沼水系と小野川水系に分かれ，これらの提案を市主催のうしく環境フェスタ「人と河童が出会うまちづくり──河童大交流会」で発表した．この河童大交流会は，以下の目的を果たす場として企画している．

- 2水系の生きものが谷津田をとおして出会い交流していた地域特性を確認する．
- 上述の地域特性を活かすことで，その豊かさを取り戻すという共通認識を図る．
- 生きものの視点で地域の可能性を発見する．

ビオトープづくりを行うことで，生きものの道の再生を試みた子どもたちからは「つくったらすぐにイトトンボがやってきた．生きものが絶えず移動していて，つねに水辺を探していることがわかった」という報告があった．その他さまざまな発表に熱心に聞き入り，生きもの地図や成果物に見入る父母の姿に，子どもたちの働きかけを受け止める様子を，みてとることができた．

図 12.8 牛久市長に提案！

一方，学校に隣接する荒廃谷津田の保全プランを詳細にまとめた K 小学校の子どもたちからは「人も生きものもうれしいまちをつくりたい，大人のみなさん，協力お願いします！」という力強い発表があった．この子どもたちは，後日，市長と谷津田保全を担当する部署の職員にも提案を披露した（図 12.8）．生きものの視点できめ細かく行った調査と，対象地だけでなく，霞ヶ浦をふくむ水系全体を視野に入れた提案，さらには，自分たちがやること，地域がやること，行政がやること，それぞれの役割分担を明確にした具体的な作業計画に，市長も思わず「一緒にまちづくりをしよう！」の一言．

　従来のまちづくりは限られた大人によって行われてきたが，これからは，子どもの直観力，全体を認識する力，総合化への意思や，感性と協働しながら行ってはどうか．子どもも大人から科学的，分析的なものの見方や，細かく分析したものをさらに組み合わせて構築していくものの見方や段取りを学ぶ．子どもと大人がおたがいの持ち味を引き出しながら進めていくのが真の総合学習と考える（飯島 2005b）．

4．まちづくり学習プログラムの成果

（1）　地域への働きかけ——総合化される地域

　本事業を実施するにあたって，子どもたちの学習を地域ぐるみで支援する目的で「学校ビオトープから始まるまちづくり実行委員会」を組織した．本事業では，人が集まり交流する"場"を中心に配置することで，多様な主体の参画と連携が可能になった（図 12.9）．お年寄りへの聞き取り調査の際には社会福祉協議会による人材紹介が行われ，公園を改善したいという子どもたちの提案に対しては，管理を管轄する緑化推進課からアドバイスが得られた．環境フェスタの実施に関しては，主催者である環境衛生課と指導課の調整が重ねて行われ，各校の担当者は学習プログラムを行ううえでの課題や，今後改善していくことについて意見交換を行った．

　この実行委員会については，各校担当者に対するアンケート結果をもとにして，つぎのように評価された．「活動内容は各学校によって異なるが，まちづくりという大きな目標は共通しているため，学校間の情報交換や専門家

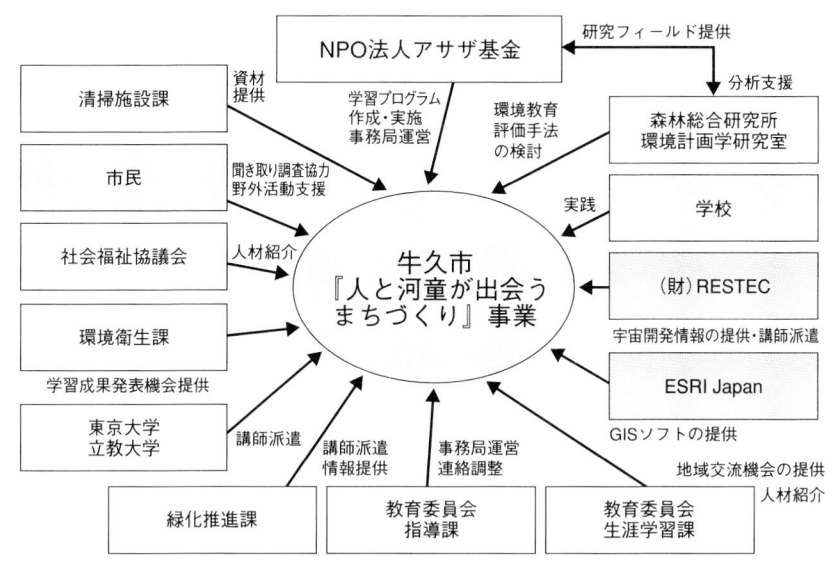

図 12.9 まちづくり事業のネットワーク

によるアドバイスを定期的に受けられる点が長所としてあげられた．次年度からは積極的な学校間交流が期待される」(重根 2005).

K小学校では，現在，自分たちの提案を実現するために，大人と調整を進めている．市に関係する法令や段取りを確認，作業計画をPTAに知らせたり，造成作業のために必要な情報（平面図・断面図）を施工者に提出する準備を行っている．2006年12月からは本格的な施工の開始を予定している．

子どもたちの学習の深まりにしたがって，これら地域社会を構成する多様な主体の連携，総合化が始まっている．今後も地域ぐるみで子どもたちの学習を支援していく．

(2) 地域の自然のとらえ方——子どもたちの視点の変化

子どもたちの視点の変化をとらえるため，年度末にアンケートを行った．学習プログラムを体験した生徒のうち，約8割が「学区内に生きものの道がある」と認識しており，その認識の由来は体験をとおして得られたものが8割を占めた．さらに「生きものの道だと思った理由」について自由記入で問うたところ，複数要素の組合せの存在を理由にする回答（例：「浅瀬と水草

があるから」）が，単一要素の存在を理由にする回答（例：「ビオトープがあるから」）を大きく上回った．それら要素についても，「湿っている」「土でできている」「傾斜が緩やかである」といった質の面に着目できている回答が多かった．また，「谷津田がそばにあるから」「隣の学校のビオトープから来れるから」といった，生物供給源との位置関係や生きものの移動に適した空間配置を考慮した回答もあった．このような変化が子どもたちによる提案をより具体的，かつ現実的なものにしたと考えられる（学習プログラムを体験していない生徒との比較）．

また，小玉（2007）の調査によれば，「事業に関わった児童・生徒は学校・地域・市全体の環境を観察・調査し，そこを生物が棲みやすい環境に改善する活動に参加する意欲が，一般校より極めて高い」．加えて，K小学校の「構想図には，地域の歴史の中で谷津田を復活することの意義や，近隣の福祉施設に居住するお年寄りが来訪することを期待する文章も数多くあり，環境という主題を通じて地域の歴史や福祉に関心を広げる児童がふえたことも明らかになっている」．

学区単位のまちづくり学習をとおして，子どもたちは地域に課題や可能性を見出し，それらを活かすために働きかけることを行った．地域が継続して支えることで育まれるこのような力は，今後新たなまちづくりの原動力になるだろう．そしてこのような活動によって，現代社会に失われた人と自然，人と地域コミュニティの関係性が新たにつくりだされていくのではないだろうか．

5. 地域コミュニティのネットワーク化
　　——生きものの道・地球儀プロジェクト

冒頭に霞ヶ浦・北浦流域の自然再生における課題として「地域コミュニティのネットワーク化」と「地域コミュニティの活性化」をあげた．4.までに紹介した牛久市の事例は，「生きものの道をみつけ，つなぐ」というテーマによって，双方の課題に対する答えを意識的に組み込んだものである．すでに170校の学区のネットワークが構築されているが，牛久市の事例を活かしたさらなるネットワークの広がりを，以下に展望する（図12.10）．

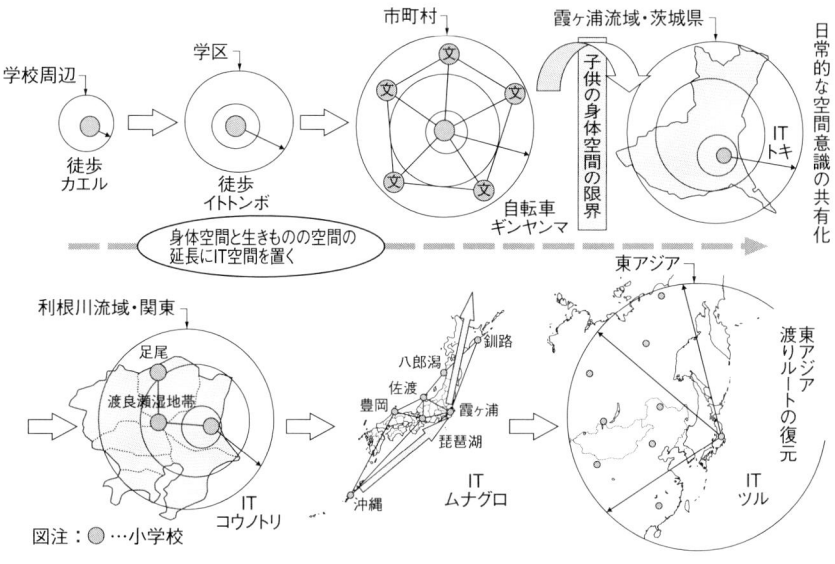

図 12.10　地域と地域を結びつける学習プログラムの展開

　学校ビオトープを活用した学習は，生きものと出会うことで生まれる素朴な疑問「生きものたちはどこからきたの？」から始まる．学校ビオトープを地域の生物供給ポテンシャルを把握する場ととらえ（図 12.11），生きものの生息空間と，子どもたちの感性が息づく日常空間を重ね合わせる．この基本単位を学区とする．生きものと空間を共有することで，子どもたちの関心を学校周辺へ向かわせる．さらに学区のネットワークを構築することで，大人たちによって縦割り分断化された流域という空間を，子どもたちの感性で覆い尽くす．「生きもののネットワークをつなぎたい」という意志が，ネットワークを拡大・充実させ，野生生物と共存できる社会，子どもと大人が協働する社会をつくる（飯島 2006）．

　学校ビオトープの人気者はカエルである．カエルが移動できる距離を 500 m と仮定する．おおよそ学校の周辺にあたる範囲は，子どもたちが徒歩で日常的に活動する範囲と一致する．

　イトトンボもやってくる．イトトンボが移動できる距離を 1.5 km と仮定する．子どもたちが徒歩で学校に通う範囲，つまり学区（地域コミュニティ）とほぼ重なり合う．

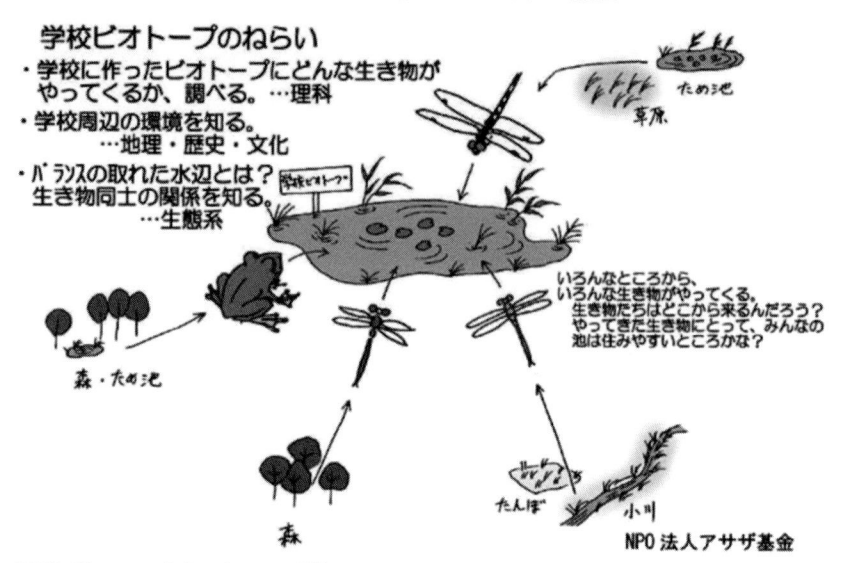

図 12.11　アサザプロジェクト学校ビオトープのねらい

　ギンヤンマの場合，移動できる距離を 4 km と仮定する．おおよそ子どもたちが自転車で移動する範囲，市町村単位の小学校のネットワークが，これに一致する．
　アサザプロジェクトがめざす 100 年後の目標は「トキが舞う霞ヶ浦・北浦」である．トキの生息空間である"流域"に対して，霞ヶ浦・北浦流域では小中学校約 170 校がネットワークされているが，この空間はすでに子どもたちの身体空間の限界である．しかし，IT を用いることで流域を日常空間の延長としてとらえることも可能である．
　この戦略によって"流域"は，人々の日常と連動した技術開発の場としてとらえることができるようになった．2003 年度-2004 年度には，IT を活用した流域管理システムを新しい発想で構築しようと，日本電気株式会社と共同開発を行った．各学校で子どもたちが集めた生物観察記録とセンサーが集めた環境情報を，日常的に流域全域の学校ネットワークで共有する試みである（飯島 2005c）．2005 年度には，人工衛星の取得データを流域管理に活用するためのしくみづくりも行われた．小中学生が総合的な学習のなかで，衛星画像を判読して谷津田の湧水地点を抽出し，状態と生息する生物を予測し

て現地調査の結果と比較する．流域全体の水源地の状況を把握するシステムの構築をめざしている．科学者だけが使用してきた宇宙開発という先端技術も，子どもたちとの協働をとおして新たな展開を見出そうとしている．

コウノトリの生息空間としてとらえた関東二大湿地（霞ヶ浦・北浦と渡良瀬遊水地）では，それぞれ自然再生の取り組みが深まっている．霞ヶ浦・北浦アサザプロジェクトの小学校ネットワークと渡良瀬未来プロジェクトの小学校ネットワークが，それぞれの流域範囲に一致する．コウノトリの野生復帰をめざして，流域間のネットワーク構築を行っていく．また八郎湖流域では，アサザプロジェクトをモデルにしたまちづくりの学習プログラムが，秋田県により行われている．

世界規模の環境破壊に取り組むためには，世界中の人々が日常のなかで，"地域"と"地球"という2つの空間を同時に共有する必要がある．その第一歩として，世界各地の湿地を中継する渡り鳥を案内役に，国境を越えた小学校のネットワークを構築する．学区（地域コミュニティ）単位のネットワークが，生きものの道に重なり合うかたちで国境を越えて広がってゆく（図12.12）．現在，このコンセプトをもとに環境教育プログラムを作成，試験的

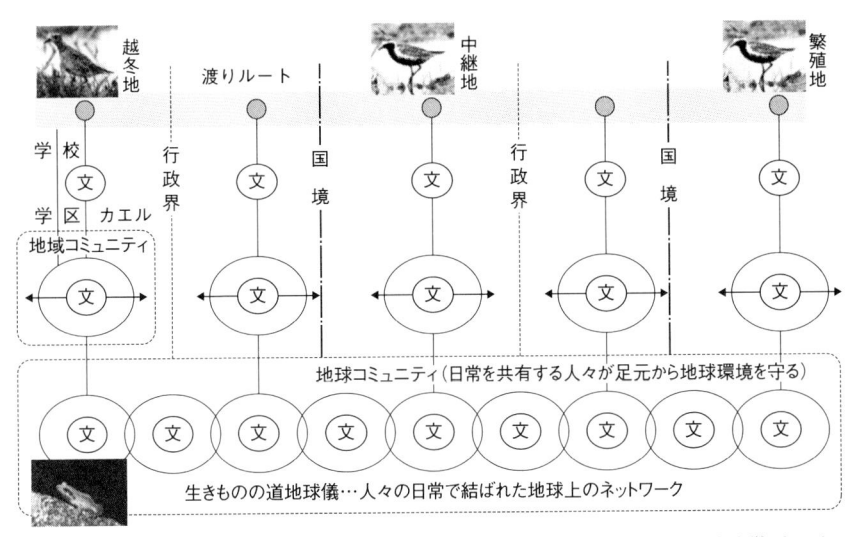

図 12.12 地域コミュニティから地球コミュニティへ！――生きものの道・地球儀プロジェクト

に実施している．

　弱者の視点から，日常空間としての"地域コミュニティ"が活性化され，地域コミュニティ間のネットワークが機能すれば，国境を越えた地球規模での多様な生物や多様な人々の共存が可能になるだろう．多様な価値観が息づき，共有の未来をつくりだすために足元から取り組みを広めていく，真の"グローバル化"をめざしている．

参考文献
飯島博（1989）水がつくる人と生きもののネットワーク——谷津田をめぐる環境のこれまでとこれから．霞ヶ浦研究1：45-63．
飯島博（1993）土地を見てつくる生物と人とのネットワーク——ゴロスケ，コンコン，ホーホケキョマップ．いきものまちづくり研究会編『エコロジカル・デザイン——生きものと共生するまちづくりベーシックマニュアル』，ぎょうせい，東京，170-196．
飯島博（2005a）ネットワーク——市民型公共事業アサザプロジェクトの挑戦．『新版環境学がわかる』（アエラムック），朝日新聞社，東京，150-152．
飯島博（2005b）社会システムの再構築によって進める自然再生事業——霞ヶ浦・アサザプロジェクト．環境技術34：18-22．
飯島博（2005c）総合化によって引き出される中学生の可能性．全国林業改良普及協会編『森で学ぶ活動プログラム集3——中学校の総合的な学習』，全国林業改良普及協会，東京，73-79．
飯島博（2006）モーツァルトの三つの花——子どもと大人が協働する社会．あさざだより4月号，特定非営利活動法人アサザ基金．
小玉敏也（2007）学校での環境教育における参加型学習の評価——茨城県牛久市「学校ビオトープから始まるまちづくり」事業を事例として．異文化コミュニケーション論集第5号（印刷中），立教大学大学院異文化コミュニケーション研究科．
守山弘・飯島博・原田直国（1990）トンボの移動距離を通してみた湿地生態系のあり方．人間と環境15（3）：2-15．
重根美香（2005）学校ビオトープから始まるまちづくり——牛久市立小中学校総合学習の取り組み．子ども環境学会ポスターセッション要旨．

第13章
ため池の生きものの豊かさを守る
石井潤・角谷拓

　農業の近代化・衰退により，人の営みとのつながりを失ったため池の生物多様性の喪失は，今日，日本各地で深刻な問題となっている（詳細については第5章を参照のこと）．本章では，関東地方において，いまでは少なくなってしまった，豊かな生きものが生息するため池を例に，そこで起きている外来種の移入や富栄養化などの問題，そしてこれらの脅威から，ため池に暮らす生きものたちを守ろうと努力する市民と研究者の取り組みについて紹介したい．

1. 生きものの豊かな宍塚大池

　関東平野の中央部，茨城県土浦の駅から県道を西に10分ほど車で走ると，左手にこんもりと木々の茂った丘陵地がみえてくる．この丘の上には，宍塚大池とよばれる，江戸時代以前からともいわれる古い歴史をもったため池がある（図13.1）．「大」池の名のとおり，谷戸が池の中心から「大」の字を描くように四方に伸びる複雑なかたちをもつ池を中心に，起伏に富んだ地形をもつおよそ100 haほどのこの里山は，土浦市とつくば学園都市との間に挟まれて両方からの開発・都市化の波にかろうじて耐え，昔は生きもの豊かな水辺がいたるところにあったこの地域の面影を残す数少ない貴重な場所となっている．

　池には，サンショウモ，イヌタヌキモなどの絶滅危惧種や希少種をふくむ水草が豊かに茂り，これらの水草がつくりだす多様な環境に支えられ，春になると，トラフトンボ，アオヤンマといったこの地域では昨今めっきり数を減らしてしまったトンボ類が，いまだにさかんに池の上を飛び交うのをみる

194　第13章　ため池の生きものの豊かさを守る

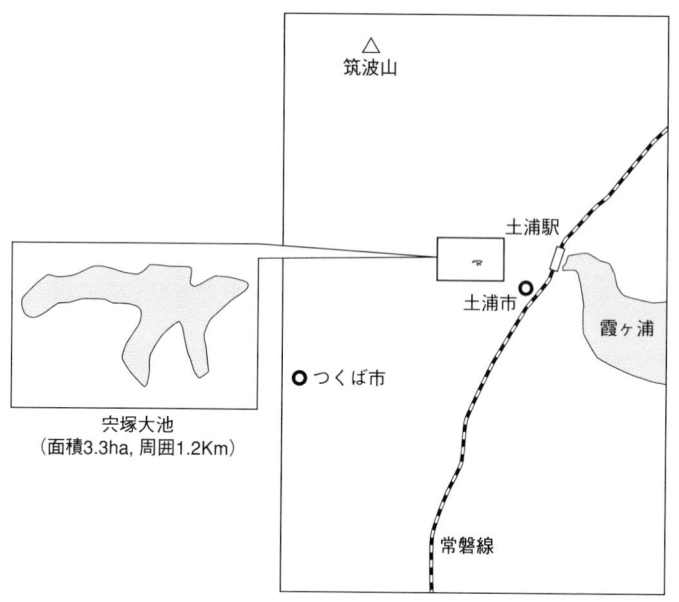

図 13.1　宍塚大池の位置

サンショウモ　　　　トラフトンボ

イヌタヌキモ　　　　アオヤンマ

図 13.2　宍塚大池の生きものたち

ことができる（図13.2）．宍塚大池には，多様な生きものたちの観察や四季折々の変化を楽しみながらの散歩などで訪れる人が絶えることはない．

そんな宍塚大池も1990年の中ごろまで，都市開発の対象地として開発の危機にさらされていた．1989年に，開発から宍塚大池を守ろうと結成された「宍塚の自然と歴史の会」は，宍塚の開発計画が凍結された現在でも，同池で，自然観察会，田んぼづくり，谷津田米のオーナー制，里山の歴史の聞き書きなどの取り組みをとおして，人と自然と農業との新たなかかわりのあり方を模索するさまざまな取り組みを展開している．会の活動とその成果は，会が出版した「どんなところ？ 緑の島──宍塚大池」「聞き書き 里山の暮らし──土浦市宍塚」「続聞き書き 里山の暮らし──土浦市宍塚」などにくわしい．

2. 変わる宍塚大池の自然

（1） ハスの繁茂

ところが，80年代後半から，豊かな生きものにあふれる池の異変に会の人たちが気づき始めた．1995年に宍塚の自然と歴史の会によってまとめられた宍塚大池地域自然環境調査報告書のなかで，長年宍塚の植物相の変化を見守り続けてこられた後藤直和氏が，自らの調査記録や記憶をもとに，「宍塚大池地区の植物相の変遷についての所感」として宍塚大池の水草相の変化の様子を以下のように記している．

「(1) 1972年9月 ハスはほとんどなく，浮葉植物としてはヒシとジュンサイがあった程度で，抽水植物の部分を別とすると池の面の90％ぐらいは開水面になっていた．(2) 1974年頃 ヒシが急激に繁茂して開水面は推定40％程度になった．(3) 1975年頃 ヒシはさらに多くなり，同時にオニバスが所々に見られるようになった．(4) 1982年 オニバスが大量に繁茂し，ハスもかなり目立つようになった．(5) 1984年 ヒシはやや少なくなり，オニバスがかなり多く見られたが，夏に旱魃で池の水がほとんどなくなった．(6) 1987年 この年も旱魃で池の半分ぐらいが干上がり，オニバスはかなり減少した．ハスが著しく繁茂し，池の面の60％ぐらいを覆うようになっ

ヒシ　　　　　　　　　　ジュンサイ
　　　　　　　　　　　　（撮影：高川晋一氏）

オニバス

図 13.3　ヒシ，ジュンサイ，オニバス
オニバスとジュンサイは宍塚大池ではみられなくなってしまった（オニバスは系統保存されている株で，ジュンサイは石川県のため池のもの）．

た．(7) 1990 年　ハスが水面の 80% ぐらいを覆うようになり，オニバスは減少したが秋に多数結実したことが確認された．(8) 1992 年　ハスはさらに殖えてハスの葉がないところにはヒシが生育して開水面はほとんどない状態になり，オニバスは 10 株程度見られた．(9) 1993 年　ハスがかなり減少した．これは前年夏の刈取りの効果があったこと，冷夏であったこと，雨が多く 6〜7 月に池の水位が高かったことなどによるものと思われる．オニバスは前年と同じような状態であった，8 月に前年と同程度のハス刈取りを行った」（宍塚大池地域自然環境調査報告書 1995 より一部抜粋）．

　この記述のなかで出てくるヒシ，ジュンサイ，オニバスの 3 種は，いずれも水面に浮く葉をもつ「浮葉植物」とよばれる水草の仲間である（図 13.3）．ヒシは全国各地に分布する普通種であり，水辺でもっとも目にする機会の多い水草の 1 つである．ジュンサイは若芽が食用とされるおなじみの

表13.1 宍塚大池で記録のある絶滅危惧種の水草

種　　名	1992年	2004年
絶滅危惧Ⅱ類		
サンショウモ	○	○
オニバス	○	
タヌキモ	○	
ヒメビシ	○	

水草である．一方，オニバスは全国版のレッドデータブック（環境庁 2000）で絶滅危惧Ⅱ類に指定されており，全国的にも自生地が限られる水草となっている．宍塚大池では，これら3種が古くから生育しており，地元の人々に親しまれてきた．

後藤直和氏の記述を読むと，1970年代のころは，そのうちヒシとジュンサイが浮葉植物のなかで目立つ存在であったのが，いったんヒシとオニバスが増えた時期を経て，1980年代後半以降ハスが急速に増加し始め，宍塚大池の優占種になり，以前は夏に池の中心部に広がっていた開放水面がハスに覆われて消失したことがわかる．

ハスは水面に大きく葉を広げ，水中で生活する水草への日の光を遮ることでこれらの植物が光合成を行うことを不可能にする．このために，ハスが繁茂する水辺では，ほかの多くの水草の生育が困難になる．1992年当時には，池に生育していたオニバス，タヌキモといった絶滅危惧の水草が，私たちが2004年に行った水草の分布調査では確認されなかったことからも，その影響の大きさをうかがい知ることができる（表13.1）．その影響は，水草がつくりだす複雑な構造をすみ家や隠れ場所としているトンボをはじめとする水生昆虫にもおよんだことが推測される．

（2） 外来魚の増加

ハスの急激な増加に加えて，現在，池内で優占的な魚種となっているブラックバス，ブルーギルが池に放されたのもこの時期（1980年代後半）のようである．ブラックバスは肉食性の外来魚で，多くの水生昆虫を餌として食べてしまう（苅部 2002）．さらに，現在，池内で優占的な種となっているブルーギルは雑食性の外来魚であるが，宍塚の自然と歴史の会のメンバーと私

198　第13章　ため池の生きものの豊かさを守る

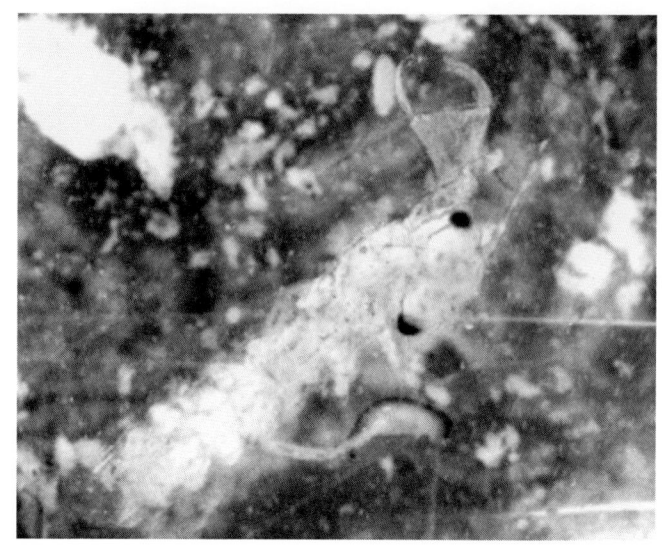

図 13.4　ブルーギルの胃のなかからみつかったイトトンボの幼虫

　たちで行った調査において，胃のなかから，ユスリカの幼虫，イトトンボ，トンボ，ヤンマの仲間をふくむトンボ類の幼虫などの水生昆虫が数多く観察された（図13.4）．これらの事実は，池内で，外来魚であるブラックバスやブルーギルの増加が池に暮らす水生昆虫に，これまで経験したことのない高い捕食圧をもたらしたことを示唆する．水生昆虫にとっては，水草の衰退によりすみ家を追われ，外来魚による捕食圧にさらされるという二重苦を経験することとなった．

　宍塚の生きものたちのこのような変化を目の当たりにして，「このままでは，宍塚大池の生態系が，その機能を果たせなくなる」という強い危機感が，宍塚の自然の変化をつねに見守ってきた地元の人々，会のメンバーの間で共有されるようになった．

3. 生きものの豊かさを守るための管理

(1) ハスの刈り取りと池の水抜き

　宍塚大池でハスの繁茂が顕著となった1990年から，宍塚の自然と歴史の会が中心になり，絶滅危惧植物であるオニバスを守るためにハス刈りが実施されるようになった．このハス刈りは，専門家に相談のうえ，地元の了解を得て行われたそうである．取り組みは，会の人たちにより現在でも継続されており，その努力の結果，池の中心には広い開放水面が確保されるようになった（図13.5）．ハス刈りによって，池の水面全体がハスに覆われてしまうという事態はなんとか回避されてきたものの，ジュンサイとオニバスは池から姿を消した．オニバスは，会によって別の場所でかろうじて系統保存がなされ，1997年から募集が始まったオニバスを育てるための里親の下で，将来宍塚大池に植え戻されるのを待っている．

　こうして，宍塚大池が多様な生きものにとってすみよい場所として維持・再生されるためには，ハスの刈り取りだけでは不十分であるということが明らかになった．外来魚の増加も，池のなかに暮らす生物に与える影響が大きい．そこで宍塚の自然と歴史の会がよびかけて，より根本的な対策として，「池の水抜き」を行い，さらにその際に外来魚を捕獲することによってハスや外来魚の管理を図ろうという試みが実施されることになった．

　宍塚大池が地区一帯の水田の灌漑用として利用されていたころは，池の水抜きはよく行われていた．これは，宍塚の自然と歴史の会の歴史部会が行った昔の営みを知る地元の方々への詳細な聞き取りから明らかになっている（宍塚の自然と歴史の会 2005）．それによると，宍塚大池は，昭和40年ごろまでは，6月下旬から7月初旬の田植えから始まって10月下旬から11月中旬の刈り入れまで，宍塚の集落の農家約70軒，およそ50町歩の田んぼの水をまかなっていた（大池の水だけでは足りず，井戸水を用いる場合もあった）．稲刈りの際は，稲に泥がつくのを防ぐために，わざわざ田に水を引いて稲刈りをするということもなされた．また，雨が少ない夏には，池の水を使い切ってしまうことがあり，そのようなときには，日を決めて池の水を抜いて村中総出で魚捕りをしたとのことである．

第13章 ため池の生きものの豊かさを守る

図 13.5 2004年9月の宍塚大池
ハスが繁茂し，中央部のみ刈り取りによって開放水面が保たれている．

　このような，各地方に独特な水利慣行（農業の水利用に関する慣行）は，ため池において季節的な水位の変動や干上がりといった特徴的な生態系への攪乱のパターンをつくりだし，その地域を特徴づける生物多様性を維持するのに重要な機能を果たしてきた（くわしくは第5章を参照のこと）．しかしながら，日本各地の多くのため池と同様，宍塚大池においても，水田の圃場整備や休耕・離農，宅地開発などによって灌漑用水の利用が減り，ここ20年近くの間，池の季節的な水位変動はほとんどなく，満水の状態が続いているという．

（2） なぜハスが増えたのか

　宍塚大池の水利慣行に関する聞き取りのなかでは，「（水田への灌漑で）水が少なくなると，水を抜く洞（取水口）の一番下の栓（泥吸い）を抜いて，鰻や魚捕りをした．池の底のヘドロが流れ出て，池の水がきれいになった」

と語られている．伝統的な水利慣行が続いていたころには，数年に一度行われた水抜きのときには池のほとんどの水が流し出されて，池の底にたまっていた泥もある程度，池の外へ流されていたことがうかがえる．

このような水抜きという水利慣行が失われることで，池底の泥が外に流れ出ることがなくなり，その後の底泥の蓄積と水質の富栄養化の進行を助長してきた可能性は高い．地元の人々のなかには，昔の宍塚大池は現在より水が澄んでいて水深も深かったと述べられる方もいる（宍塚の自然と歴史の会1999）．1992年当時に池底が砂地であったとされる場所のなかには，現在では泥が堆積した状態になっている場所もある．底泥がたまり，富栄養化が進行した環境は，まさにハスが好んで成長する環境であるといえる．

もちろん，この時期には池の周囲の土地利用の変化も進行しており，池の富栄養化は周囲からの家庭排水の流入の増加なども原因として考えられるが，水利慣行の消失がそれまでの宍塚大池の環境を変え，ハスが優占的に繁茂する状況の一因となった可能性もある．したがって，以前まで行われていたため池の水管理の一部を復活させることで，底泥の蓄積や水質の富栄養化が改善され，ハスの増殖がある程度抑制されることが期待された．

4. 順応的な管理をめざして

（1） 大池の水抜き

大池の環境改善のための池の水抜きは，稲作に支障が出ないように，水田に水が不要となる時期に合わせて2004年の9月26日から10月26日までの1カ月の間行われた．ところが，この年，関東地方を直撃した大型の台風の影響で，水抜きの期間は記録的な集中豪雨に見舞われた．そのため，当初は完全に池の水を抜く予定であったが，断続的に続く降雨のために，それができなかった．それでも，池の水位がもっとも低下したときには，池で一番深い中心部分（通常時で水深1.8m程度）を残して，池底の大部分が露出した（図13.6）．

池の水が完全には抜けないという条件下ではあったものの，10月20日に地曳き網を使った外来魚の捕獲作業が行われた．結果は，ブラックバス10

図13.6　水が抜けた状態の池
池の底に人のひざの高さまで泥が堆積しているのがわかる．

図13.7　ブラックバスとブルーギル
（ブルーギルは小林弘典氏撮影）

頭，ブルーギル312頭であった（図13.7）．水位が低下した際に，池の取水口を通って下流に流れ出た個体が確認されたため，取水口の出口にドウとよばれる漁具を仕掛けてみたところ，数千匹のブルーギルが捕獲された．池か

ら流下した個体は，場合によっては水路を通じてほかの水域に分布を拡大してしまう危険性もあることから，今後，水抜きを行う際は外来魚のこのような流出を防ぐ方法も検討する必要がある．

（2） 複雑な食物網

　今回実施された池の水抜きは，どの時期にどのぐらいの頻度・程度で行えば，ハスや外来魚の管理を効果的に行え，かつもともと宍塚大池に生息・生育していた生きものの生存にとってよい効果が得られるのかということを明らかにするための，実験的な試みとして位置づけられていた．宍塚大池においては，かつて池の水抜きが慣行として行われていた時代とは，生態系のあり方が変わっており，過去に行われていた水抜きと，今日の水抜きでは生きものに対する影響が異なる可能性がある．このため，過去に行われていた慣行をそのまま再現すれば，必ず池に暮らす生きものを守ったり，いなくなってしまった生きものを取り戻したりすることができるとは限らないのである．

　とくに，ブラックバス，ブルーギル，アメリカザリガニなどの強い捕食力をもった外来種が侵入している池では，池の食物網が大きく変わっている可能性があり，過去の水利慣行を再現しても必ずしも前のような食物網が回復するとは限らない．ため池において，ブラックバス，ブルーギルなどの外来魚を駆除した場合，その捕食圧から解放されたアメリカザリガニが増加し，水草や水生昆虫に打撃を与えたという報告もなされている（宮下・野田 2003）．

　このため，生きものの反応をよく把握し，池の水抜きが池の生態系にどのような影響を与えるかを評価しつつ対策を進める必要がある．今回の水抜きでは，宍塚の自然と歴史の会のイニシアチブの下，複数の研究者が水質，底生生物，水生昆虫，水草といったさまざまな指標を対象に，池の水抜きの前と後でこれらの指標がどのように変化するかを注意深くモニタリングすることとした．

　私たちは，水生昆虫のモニタリングを担当し，池の水抜き実施前の8月から9月にかけて，タモ網を使ったすくい取りや，夜間の陸上および水中のライトトラップを用いる方法で，池全体にわたって2回の水生昆虫相の調査を行った．調査の結果，トンボ類，ゲンゴロウ類，水生カメムシ類など合わせ

て25種の水生昆虫の生息が確認された．これは宍塚大池程度の大きさと環境をもった池としてはけっして多い数とはいえない．また，まだこの地域でも生息しているタイコウチやコオイムシ，ミズカマキリといった，大型の水生カメムシ類が記録されなかった．

（3） 孤立した生息地「宍塚大池」

　宍塚大池を取り巻く自然環境の変化はさらに，宍塚大池にかろうじて残存する希少な生物にとって池の水抜きの負の影響を以前よりも大きなものにする可能性をもっている．現在，宍塚大池に残存する希少な水生昆虫は，池の周囲にも生息に適した水域が点在していた時代には，複数の水域において個体群が維持され，水抜きなどの管理で一時的にため池が生息に不適な環境になったとしても，周囲に存在する生息地からの再移入・定着が可能であったと考えられる．しかし現在，宍塚大池の周囲では生息に適した良好な環境をもつ水域は失われてしまっており，このような状況で，一時的であれ主要な生息地である宍塚大池が完全に干上がるようなことがあれば，この地域における種の存続に深刻なダメージを与える可能性がある．

　希少な水生昆虫の個体群への，水抜きの負の影響を緩和する方法を検討するために，私たちは水抜き前に岸辺近くの池底を中心に1m四方ほどの大きさのプラスチックコンテナを17個設置し，水抜き後も池底に水が残る部分を確保し，池の水位が低下した後に希少な水生昆虫が移入してきているかどうかを調査した．水抜きの際に調査を行った半数以上のコンテナで希少な水生昆虫の移入が確認され，これらのコンテナが池の水抜きの際に一時的な避難場所として機能する可能性が示された．ただし，このような一時的な避難場所には，アメリカザリガニやブルーギルの稚魚などの外来の捕食者の移入も考えられることから，水抜き期間中には定期的に見回ってそれらの除去を行う必要がある．

5. 宍塚大池の豊かな水草を蘇らせる

（1） 土のなかに眠る種子

　生物多様性の喪失が，全国各地のため池で問題となっている現在，生物多様性の保全のためには，その喪失を食い止めるだけでなく，すでにため池から姿を消してしまった生物を取り戻し，生物多様性を再生していくという，より積極的な対策が必要とされる．

　一度失われてしまった，ため池の豊かな生物相を再生するには，池の生物多様性の基盤となる水草群落の再生が欠かせない．近年，失われた植生を回復するための手法として，「土壌シードバンク」の活用が注目されている．土壌シードバンクとは，発芽のための条件が整うまで，休眠状態で土壌内に蓄積されている種子のことで，水分や光，温度などの環境が，発芽に必要な条件を満たすと休眠から目覚め，発芽を始める．水辺の植物のなかには，長い寿命をもつ種子をつくるものが多く，地上からその植物が姿を消していても，土壌シードバンク中の種子を利用すれば，再びその植物を再生することができることもある．

（2） 眠りから覚めた種子

　私たちは，池の水抜きによって池の底泥が露出する機会を利用して，通常ではむずかしい池底の土壌の採取を行い，そのなかにどのような種子が眠っているかを調べた．ため池に生育する水草が形成する土壌シードバンクを対象とした事例はこれまでに報告されておらず，土のなかから宝物をみつけるようなわくわくする作業である．

　土壌の採取は，4つある宍塚大池の谷津のうち宍塚大池で古くから親しまれてきたジュンサイが最後まで生育していた場所を選んで，池の水位が十分に低下した10月24日に実施した．採集した土壌は，種子の発芽が始まる前の翌2005年の1月に，種子の発芽に必要な光や水分の条件を整えたコンテナに蒔きだした．水草には陸上で発芽するものと水中で発芽するものがいることが知られているため，コンテナには，土壌表面が完全に水に浸った状態（水位 $+5\,\mathrm{cm}$）と水面よりも土壌表面が高くなる状態（水位 $-5\,\mathrm{cm}$）の両

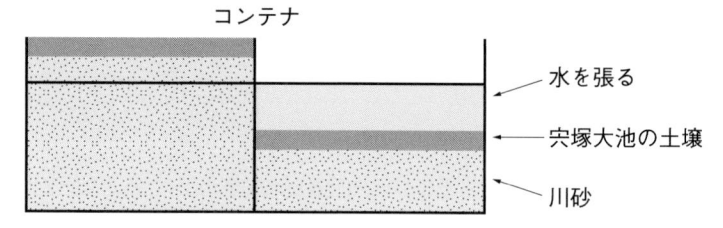

- 敷いた土壌の厚さは2cm
- 水深は＋5cmと－5cmの2段階に設定

図 13.8　蒔きだしを行ったコンテナ

図 13.9　土壌シードバンクから発芽したジュンサイ

方の条件を準備した（図 13.8）．

　調査では，土壌からつぎつぎと発芽してくる1 cmに満たない水草の芽を観察し，その種類と数を記録した．その結果，40種もの植物の種子の発芽が確認された．とくに，10年来宍塚大池から姿を消し，再生目標の1つとなっているジュンサイの発芽が確認されたことは，大きな成果といえる（図 13.9）．

6. 市民主体の生きものモニタリングとため池の将来

　宍塚大池の生きものの保全を目的とした，ため池管理のあり方を模索する取り組みは，まだ途についたばかりである．今後，中・長期的な視点で，水抜きによるため池の環境の変化や，水生昆虫やハスをはじめとした水草などの動植物，外来魚への影響などをモニタリングしながら，水抜きの効果や適切な時期や頻度を明らかにする必要がある．さらに，在来の水生動物に強い影響をおよぼす外来魚の駆除や，土壌シードバンクを用いた水草群落の再生可能性の検討などの課題も同時に進める必要がある．

　宍塚大池で始まった生物多様性の保全を目的として，水抜きという伝統的な水利慣行を復活させるという試みは全国的にも例をみない．ため池の生きものの存続が懸念される状況は，いまや全国的にみられる現象となっている．農業形態の変化や農業そのものの衰退など，社会的な背景もふまえながら，全国的に起きているため池の生物多様性喪失の問題にどのように取り組んで解決を図っていけばよいのか，効果的な解決策を模索するためにも積極的な取り組みと経験の蓄積が重要になっているといえる．宍塚大池での試みとそこから得られる知見は，貴重な経験として今後の問題解決に役立てられることが期待される．

　宍塚大池での試みは，日常生活のなかで深く池とかかわりをもった宍塚の自然と歴史の会の人々の，「このままでは，これまで多くの生きもののゆりかごとなってきた宍塚大池の生態系が，その機能を果たせなくなってしまう」という強い危機感を原動力として始まったものである．会の人々は，宍塚大池地区の自然に価値を見出し，保全対策のコーディネート，生物のモニタリング調査，研究者との協働，行政への働きかけ，一般の方々への普及・啓発活動など多岐にわたる活動を展開している．

　会の人々は，必ずしもこの地区で農業を営んでいるわけでもないし，近隣で暮らしているわけでもない．しかしながら，下流に設けられた農園に日常的に通い，池で自然観察をしたり，池の周囲をめぐる小路を散歩したりと，宍塚大池の自然と深い関係を築いている．宍塚大池では，農業生産を介した人とため池のつながりが薄れる一方で，土浦市やつくば学園都市などに住まいながら，緑や憩いを求めてやってきた人々との関係が新しいかたちで結ば

れているといえる．

　多くのため池において，農業形態の変化や農業そのものの衰退により，灌漑設備としての役割を果たさなくなったため池とそこに暮らす人々との関係が薄れてしまった現在，ため池に生育・生息する生きものたちの変化は，人知れず進行している場合も少なくないと考えられる．宍塚の自然と歴史の会のように，日常のなかでその場の自然と深くふれあう活動をしている主体でなければ，ため池で起きている生きものたちの変化に気づくことがむずかしい．その場にしっかり根を下ろし，つねに池に暮らす生きものたちの状態を気にかけながら，必要とあれば研究者も巻き込んで迅速な対策を行う宍塚の自然と歴史の会が，生態系の健全性の再生や生物多様性の保全に果たしている役割はきわめて大きい．

　NPO法人宍塚の自然と歴史の会の理事及川ひろみ氏をはじめ，会のみなさまには，宍塚大池での取り組みを通じて，たいへんお世話になった．未熟な私どもを暖かく励まし，いつも示唆に富んだ助言をいただいたことを心より感謝申し上げる．

参考文献
環境庁自然保護局野生生物課（2000）『改訂・日本の絶滅のおそれのある野生生物——レッドデータブック8　植物Ⅰ（維管束植物）』，財団法人自然環境センター，東京．
苅部治紀（2002）オオクチバスが水生昆虫に与える影響——トンボ捕食の事例から．日本魚類学会自然保護委員会編『川と湖沼の侵略者ブラックバス——その生物学と生態系への影響』，恒星社厚生閣，東京，61-68．
宮下直・野田隆史（2003）『群集生態学』，東京大学出版会，東京．
宍塚の自然と歴史の会（1995）『宍塚大池地域自然環境調査報告書』，宍塚の自然と歴史の会，茨城．
宍塚の自然と歴史の会（1999）『聞き書き　里山の暮らし——土浦市宍塚』，宍塚の自然と歴史の会，茨城．
宍塚の自然と歴史の会（2005）『続聞き書き　里山の暮らし——土浦市宍塚』，宍塚の自然と歴史の会，茨城．
宍塚の自然と歴史の会 http://www.kasumigaura.net/ooike/

第14章
農村における水生昆虫の保全

西原昇吾・苅部治紀・富沢章

　ため池，水田，水路などの農村の水辺は，伝統的農業とともにさまざまな水生生物が残存してきた環境であるが，農業形態の変化や侵略的外来種の侵入などの危機が迫っている（第5章参照）．能登半島にもそのような農村の水辺があり，在来の豊かな水辺の生態系が残存し，希少な水生昆虫の宝庫となっている．しかし，最近ではこれらの危機に加え，ゲンゴロウ類の乱獲という問題も生じており，早急な保全が必要である．本章では，生物多様性への関心が必ずしも高いとはいえない農村地域において，地域への啓発活動を通じて取り組みが始まった，水生昆虫の保全の事例について紹介する．具体的には，地域住民，行政，研究者の各主体の協働によるオオクチバスの駆除，ため池の水管理の復活と休耕田の湛水化，およびそれらと深くかかわる水生昆虫相のモニタリングについてふれる．

1. 生物多様性の高い奥能登平野部のため池群

　石川県の能登半島北部の平野部には，大小200個ほどのため池が密集している地域がある．その地域では，土地利用の大きな変化がこの100年間でほとんどなく，現在でも水田，水田脇の小湿地，用水，ため池といった多様な水辺環境がセットとして存在する．多くのため池では，毎年，または数年に1回，伝統的な管理として水抜きが行われてきた．私たちはこの地域において，2001-2005年に各水生生物の生息状況を調査した．その結果，希少なゲンゴロウ類のほか，絶滅危惧種の水生カメムシ類やトンボ類などのさまざまな水生昆虫，メダカ，イモリや，ヒツジグサ，ミズオオバコなどの貴重な水生植物が普通にみられ，生物多様性保全上，重要性の高い地域であることが

図 14.1　奥能登のため池とシャープゲンゴロウモドキ

わかった．(図 14.1)．良好な生物相が保全された理由としては，①近年まで伝統的な農業が維持されてきたこと，②大規模な開発がなかったこと，③ため池に生活排水や農薬が流入しなかったこと，④侵略的外来種の侵入がなかったこと，などをあげることができる．多くの水生生物は，これらの農村にあるさまざまな水域を利用して生活しており，ゲンゴロウ類は相互に 30-700 m ほど離れたため池間を移動しながら生活していることが確認されている（西原　未発表）．

2. 水生生物の危機的な生息現状

(1) 休耕田の増加による水域の減少・ため池の改修と水管理の消失

　近年，農業生産性の向上のために，水田の圃場整備が進行する一方で，耕作しにくい谷津田などの休耕化が進んだ．その結果として，乾燥化による水辺の消失が急速に進んでいる．休耕化や畑地などへの転用に伴い，ため池の放棄や水管理の消失，水質悪化や底泥の堆積，植生遷移の進行が起こりつつある（養父 2005）．一方で，老朽化したため池では，底を掘り下げ，堤をコンクリートやゴムシート護岸化する近代的改修がなされてきた．これらによって多くの水生生物にとって重要な生息場所である，植生の豊富な浅い水辺が消失する傾向にある．

　この地域の約 200 のため池で利用形態を調査したところ，水田の休耕化に伴って使用されなくなった池が 44，圃場整備に伴う水田へのポンプ利用の

ために使われなくなった池が5，堤の草や木が刈られずに繁茂している池が56と，約半数の池が管理放棄されていた．一方，114のため池は現在も使用されており，コンクリート護岸化された池が2カ所認められた．この結果から，この地域でさえも，休耕化や圃場整備に伴うため池の管理の消失が，近年，急速に進行していることが読み取れた．当然，これらの水辺環境の変化は水生生物に影響をおよぼす．

（2） 侵略的外来種の侵入

　この調査の際に，いくつかのため池でオオクチバスとアメリカザリガニの侵入が確認された．これらの侵略的外来種は在来生態系に深刻な影響を与える．

　オオクチバスは，北米から神奈川県の芦ノ湖に移入され，1970年代以降のスポーツフィッシングの隆盛とともに，釣り関係者によって意図的に各地に放流されたと考えられている．その結果，現在では全都道府県の湖沼，ため池，河川などに生息する．オオクチバスは爆発的な増殖力と強力な捕食性をもつため，魚類，甲殻類，水生昆虫を直接に捕食し，間接的に鳥類や貝類などにも影響を与える．この種は，IUCNでは世界の侵略的外来種ワースト100に，日本では侵略的外来種ワースト100に選定されている（日本生態学会 2002）．

　閉鎖的な環境である湖沼やため池では生態系に与える影響は多大である．ため池の水生昆虫の捕食事例として，秋田県での，ゲンゴロウ，ガムシや，オオコオイムシ（杉山 2005），新潟県での，飛行中のカラカネトンボなどの各種のトンボ類成虫（苅部 2002），また，山形県での，オオクチバスの繁殖確認後2カ月でメダカやスジエビが姿を消し，ゲンゴロウ類も激減した例（苅部 2005）などが報告されている．

　アメリカザリガニは，1920年代にウシガエルの餌としてもち込まれたものが神奈川県で野外に逸出し，現在では全国各地の水域に生息する．雑食性でさまざまな水生生物を捕食し，水生生物の生息場所となる水草を捕食し消失させるために，水辺の生態系に大きな影響を与えるが（苅部 2003），その影響の報告例はほとんどない．また，外来種という認識もないまま，小学校では理科教材に用いられ，使用後に野外へ放流される例も多い．

[コラム] **侵略的外来種と外来生物法**

　環境省は外来生物法（正式には「特定外来生物による生態系等に係る被害の防止に関する法律」）を2005年6月より施行し，オオクチバスを特定外来生物に指定した（環境省）．すなわち，飼育，輸入，放流などを規制し，罰則を定め，防除などを行うこととなった．政令により指定された防除指針では，防除期間は3-5年と定められ，駆除とともに，環境の改善，地域の生物多様性保全，モニタリング，侵入の予防，普及啓発などが盛り込まれた（環境省）．しかし，防除モデル事業は全国でわずか6カ所であり，しかも各事業間には連携がない．本種の駆除の有効性を実証することは本法の意義の試金石となるため，今後，環境省ばかりでなく，全国の各地方自治体で，行政，市民が現状の理解や認識の拡大に努め，積極的な駆除に取り組み，連携し情報を共有することが必要であろう．一部自治体では，すでに，密放流の原因となる再放流や生体での持ち出しの禁止を法的に規制している．一方，アメリカザリガニは，効果的な駆除方法がなく，駆除による影響の軽減が困難と考えられているために，特定外来生物への指定が見送られている．今後の生態学的研究の進展，駆除体制の確立が早急に望まれる．

　これら2種の詳細な分布状況を，目視およびタモ網による捕獲，および地元での聞き取りや釣り人の目撃情報によって，2003年に緊急に調査したところ，オオクチバスは，この数年水抜きを行っていなかった4カ所のため池と周辺の2カ所のダム湖で確認された．また，アメリカザリガニは2カ所の用水で確認された．とくに希少種の生息するため池でもオオクチバスが確認され，早期の駆除の対策が必要であることが判明した．

（3）希少種の乱獲

　調査地には，湿地やため池に生息するシャープゲンゴロウモドキ，ため池に生息するマルコガタノゲンゴロウなど，全国的にも希少な水生昆虫が残存していた．これらの希少種は，標本用や飼育用として人気があるため，各地から集中した昆虫マニアや業者によって選択的に採集され続けている．

3. 保全活動のきっかけ

　調査の結果，この地域の希少水生昆虫が生息の危機に瀕しており，早急な保全が必要であることが明らかになった．ところが，当時，地元では自然環境保全の意識が薄く，生物多様性の貴重さがあまり認識されていなかったため，リゾート開発などの地域振興策や道路建設が予定されていた．

　水生昆虫の保全には，地域住民，行政，研究者の各主体が問題を理解し，情報を共有することが欠かせない．また，地域とため池や水田とのかかわりを取り戻し，伝統的な維持・管理を復活させる，あるいは新たな管理手法を検討するうえでの協力も必要である．この地域においても，ため池の維持・管理の知識や知恵をもった世代は高齢化している．ため池の管理者である地元の古老が，水抜きの手法を忘れていた例もあった．

　私たちは，2003年の秋からこの地域の在来生態系の貴重さや，ため池の水管理などの伝統的な農業が生物多様性保全に果たす役割について地域の方々の認識を促し，ため池の水管理の復活と休耕田の湛水化，外来種駆除，保全のための制度整備などの対策の必要性を提言する活動を始めた．とくに緊急の対策が必要な問題として，オオクチバス，アメリカザリガニの駆除と拡散の予防，老朽化ため池改修事業の見直しを取り上げた．また，行政，地域の理解を得やすくするために，生物多様性の保全が農地への中山間地域等直接支払制度の対象となることや，付加価値米の生産やエコツーリズムの導入などの，地元にとってのさまざまな経済的価値を生む可能性があることも合わせて提言した．その結果，行政に次いで各地域の協力も徐々に得られるようになり，各主体の協働による保全活動が始まった．

4. 外来種の侵入・駆除と水生生物相の変化

（1） オオクチバスの侵入しやすいため池

　外来種の侵入への対策を立てるためには，侵入の過程と現在の生息状況を把握することが先決である．2003年の分布調査の結果，奥能登のオオクチバスの侵入しやすいため池に共通する特徴として，①堤が草刈りされている，

図 14.2 オオクチバスが確認されたため池

②車で近くまで行ける，③集落に近い，ということが明らかになった．このようなため池は，水田への水利用が継続されており，一般に生物多様性の高い反面，釣り人が近づきやすく，オオクチバスが放流されやすい（図14.2）．

（2） オオクチバス駆除の実際

ため池におけるオオクチバスの駆除には，水抜きにより池を干し上げて根絶することがもっとも有効である．この地域でオオクチバスの侵入が確認された4カ所のため池でも，水抜きによる駆除を検討した．しかし，調整が間に合わず，2003年には刺し網と釣りによる駆除を試行した．その結果，1カ所のため池で中-大型の12尾を駆除したものの，刺し網を設置するために遊泳やボートにより水草をかきわけて入り込む必要に迫られるなど，作業には苦労と危険も多いことがわかった．

2004年には，地元住民との協働が本格化し，行政では，地元の農林総合

事務所，農林水産課，土地改良区が参加し，研究者として，私たちと，東京大学，金沢大学，岐阜大学などの研究者が，石川県内の有志とともに参加した．当初，4 カ所すべてのため池で水抜きを中心とする駆除を計画したが，水抜きがしばらく行われていなかったため，まず水がどの程度抜けるかを調査した．その程度に応じて駆除の方法を考えた．その際，京都市（深泥池水生生物研究会），金沢市，秋田県（杉山 2005）などの他地域におけるさまざまな駆除の事例を参考とした．

　水抜きの時期は，水田耕作期が終わり，ため池を利用しなくなる 8 月中旬以降が好適である．また，水草が枯れた後は作業を行いやすくなる．一方で，水抜きの水生昆虫類への影響は，幼虫期の春-夏には大きいが，夏-秋には移動可能な成虫となっているため小さくなる．また，降雪や水鳥の越冬への影響を考慮すると，あまり遅い時期の水抜きは望ましくない．以上から，水抜きによる駆除は 10-11 月に行った．駆除の際には，ため池の水抜きが水生生物相に与える影響を軽減するため，一部の水生昆虫やフナなどの魚類をコンテナなどに一時的に避難させた（第 13 章参照）．

　オオクチバスは河川でも生息・繁殖が可能であり，水抜きの際に，ため池から河川へと流出した個体の捕獲は困難である．水抜きの際には，池の取水栓にカゴやネットをかぶせ，池の下部の出口枡に金網を設置し，オオクチバスが排水とともに拡散することを防止した．金網は，オオクチバスの流出を防ぎ，かつ，落ち葉などが詰まって水の流れが悪くならないように，網目を 3 cm 四方とした．カゴや金網に詰まった落ち葉やゴミを見回りの度に除去しながら，排水と流出防止とのバランスをとりつつ，斜樋の階段に沿って取水栓を上から順に開いて水位を下げた．このような毎日の作業を土地改良区，地域住民が協力して行い，作業当日に最後まで水を抜けるように水位を調節した．水抜きに要する期間はおおむね 1 カ月程度であった．4 カ所のため池のうち，2 カ所では完全に水抜きできたが，ほかは完全には水が抜けなかった．

　作業当日には，必要な道具を各自がもち寄り（表 14.1），役割を分担して作業効率を高めた．降雨時には水がたまって作業しにくいため，できるだけ晴天時に行った．

　まず，池の水位の下がる最後の段階でオオクチバスは一気に流出するので，

表 14.1 オオクチバスの駆除に必要な道具

ロープ，雑巾，手袋
カゴ，コンテナ，バケツ
ノギス，ハサミ，バット
2 種類のはかり（重さ 100 g，重さ 1 kg）
エタノール，ビニール袋，標本瓶
防水性の記録用紙，鉛筆

図 14.3 ため池の水抜きによるオオクチバス駆除
左上：完全に水が抜けるため池，右上：出口枡での捕獲，左下：タモ網による捕獲，右下：水の抜けない池での刺し網による捕獲．

土砂吐と出口枡でタモ網により捕獲した．池内での駆除作業は水抜きの程度の違う池ごとに事情が異なった．水温の低い晩秋では，水を抜いた状態の泥底でもオオクチバスが残存するので，完全に水が抜ける池では，タモ網を用いて泥ごと捕獲し，同時に土砂吐でも捕獲した．水抜きを徹底させることのできない池では，池の大きさに合わせて，刺し網（15 m と 30 m）や寄せ網，釣りを併用して捕獲した（図 14.3）．捕獲目標とする個体の大きさに合わせ

て，目合 6 cm ほどの刺し網数統を池全体に張りめぐらし，逃げ場を少なくして捕獲効率を上げた．寄せ網は石などの重りをつけ，引き上げ作業の際に網の下から逃げないようにし，地曳き網のように引き寄せた．刺し網は翌日に回収し，混獲されたほかの生物は逃がした．捕獲したオオクチバスはその場で体長や重量を測定し，解剖して生殖腺から性別を判定し，消化管を取り出した後で埋めるか肥料とした．消化管は研究室にもち帰り，実体顕微鏡を用いて胃内容分析を行い，餌生物を同定した．また，一部は移入源を特定するため，遺伝子解析に供した．

完全に水抜きをした干し出しの状態は，翌年の貯水に間に合う時期まで1カ月以上継続し，その間にオオクチバスの駆除とほかの生物の保護を可能な限り行った．

これら異なる手法による捕獲数を比較した結果，水抜きが可能なため池では，一度の水抜きでほとんどの個体を出口枡で捕獲できたため，もっとも効果的で，かつ労力を要さなかった．一方，水抜きの不十分，不可能なため池では，残存個体の繁殖による増加のために，駆除の継続が必要となった．その他の駆除法として，産卵期の人工産卵床の利用，稚魚集団の捕獲などの手法が知られている．これらの各手法を，各水域の特性や時期に応じて効果的に組み合わせ，継続することにより，完全には駆除できなくとも個体数を低く抑えることで在来生物への影響を軽減できる．

2005 年には，オオクチバスが残存していた 2 カ所のため池で駆除を継続したが，完全に駆除できなかった．2006 年には，駆除事業に県・地元自治体の予算化もなされ，土砂吐の改修により，これまで水抜きが不十分であったため池でも対策を実施することができた．2007 年には，ポンプによる水抜きの徹底を予定している．

(3) オオクチバスの水生生物への影響と駆除の効果

オオクチバスの侵入直後からの在来生物への影響を科学的データにもとづいて評価した事例は少ない．これは，密放流による移入が多く，その経緯や規模がわからず，また，侵入以前の生物相についての情報は少ないからである（瀬能 2005）．

今回は，偶然にもオオクチバスの侵入前後の生物相を比較することができ

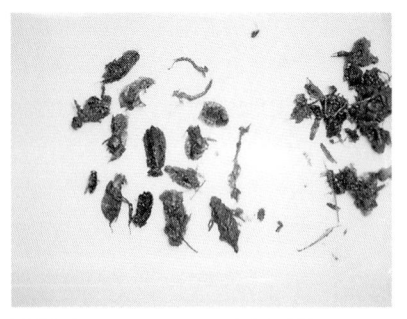

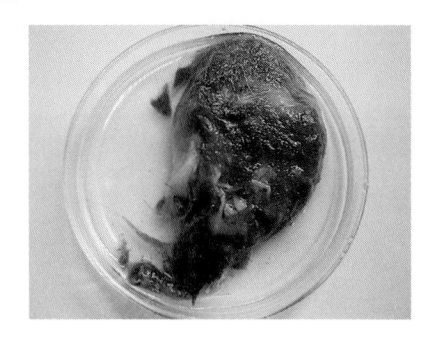

図 14.4 オオクチバスの胃内容物
左：各種の水生昆虫，右：ヒミズ．

たため，オオクチバスの侵入が水生生物群集に与える影響を直接明らかにすることができた．オオクチバスが 2004 年にはじめて確認された池では，周囲の環境に大きな変化はなかったが，侵入後のゲンゴロウ類・トンボ類の幼虫の減少が目立った．また，侵入後 3-10 年のほかの 3 つのため池では，周辺のため池でみられる大型ゲンゴロウ類がほとんど確認されなかった．これらの結果は，オオクチバスの侵入直後からの水生昆虫相への影響が多大である可能性を示唆している．

また，胃内容分析の結果，この地域におけるオオクチバスの食性が明らかとなった．1 カ所では，2003 年に，アマガエル，ヌマエビ，ユスリカ幼虫，各種トンボ類のヤゴなどが確認されたが，翌年にはヌマエビが確認されなくなった．生物相調査でもヌマエビは確認されておらず，オオクチバスに食い尽くされた可能性が高い．ほかでは，各種トンボ類のヤゴ，センブリ幼虫，マツモムシ，フサカ幼虫などの水生昆虫，モクズガニ，オオクチバス幼魚，シマヨシノボリ，イモリなどが食べられており，哺乳類のヒミズさえ捕食されていた（図 14.4）．

オオクチバスは，成長に応じてプランクトンから水生昆虫，魚類までなんでも捕食するため，繁殖して各サイズの個体がそろうと生態系に与える影響は非常に大きくなる．その食性は季節などの状況によって変わり，ほかの魚類の仔魚，稚魚が成長した秋や，ほかの魚類やエビ類が減少した場合には水生昆虫を捕食する（淀 2002）．小さなため池に侵入した後では，魚類やエビ類が完全に消失し，オオクチバス以外は捕食されないサイズのフナやコイだ

けになること（瀬能 2005），餌がトンボ成虫などに移行することが経験的に知られている（苅部 2005）．

　今回，各ため池でおもに捕食されていたのはさまざまな水生昆虫であり，胃内容の70-80%の個体数を占めた．なかでも底生生活をする水生昆虫（コサナエのヤゴ・センブリ幼虫）の捕食がとくに多く，オオクチバス1尾の胃内容から32頭のヤゴが出た例もあった．また，捕獲の際に，フナやコイなどのほかの魚類では小型個体が確認されなかったことから，オオクチバスが魚類，エビ類などを食い尽くし，残った水生昆虫類を捕食していたことが示唆された．

　また，胃内容からは，絶滅危惧種である水生カメムシ類のホッケミズムシも確認された．胃内容に占める絶滅危惧種の割合は少なかったが，もともと個体数の少ない絶滅危惧種に対しては，わずかであっても捕食の影響は甚大である（中井 1999）．したがって，このような希少種が存在する場合には，駆除は徹底して行う必要がある．

　駆除後の水生生物相の変化からは，駆除の効果が明らかとなった．イトトンボ類ヤゴの個体数は回復傾向にあったが，トンボ類ヤゴの回復はまだ十分ではないなど，水生昆虫相は徐々に回復していた．一方，侵入後の経過が長い場合には，完全に駆除できた池でも水生昆虫相はまだ回復していなかった．

　駆除しきれなかった池で捕獲されたオオクチバスの体長の経年変化からは，駆除の効果も認められた．駆除の回数を重ねるとともに捕獲個体は小型化しており，25 cm超の大型個体は捕獲されなくなった．しかし，依然として数百尾の当歳魚が捕獲されたことは，繁殖の継続を意味する．このように，侵入してから数年で爆発的に増加することが示唆され，駆除は有効である一方で継続が必要であることが明らかになった．

（4）アメリカザリガニの駆除

　アメリカザリガニは，この地域では侵入直後であり，まだ爆発的に増加してはいない．今後の分布拡大が懸念されるので，早期の駆除が必要である．2003-2006年にかけて，タモ網やカニカゴなどを用いた，おもに大型個体の捕獲による個体数の低減などを繰り返し行った．しかし，分布が拡大する傾向にあるため，駆除の徹底が必要である．

5. 行政の保全への取り組み

　このように外来種の駆除を進めているなかで，石川県は法的な保全策として，「ふるさと石川の環境を守り育てる条例」を2004年に制定した．条例のなかで定められた県指定希少野生動植物種として，シャープゲンゴロウモドキを2005年に，マルコガタノゲンゴロウを2006年に選定し，捕獲などを禁止した．

　また，地元自治体では希少水生昆虫の保全を明記した農村環境計画「みんなで支える水辺とみどり――ゲンゴロウ達と語る食と農」を作成し，県とともに，看板の設置や水抜きのできるため池への改修を事業化するようになった．調査地内のオオクチバスの侵入したため池・ダム湖と水生昆虫の多様性の高いため池17カ所には2005年に看板が設置された（図14.5）．看板には，釣り人や採集者への警鐘と地元への啓発を目的として，外来生物法によるオオクチバスの放流禁止と希少種の採集禁止が明記された．ゲンゴロウ類が生

図 14.5　ため池に設置された看板

息するが，老朽化して水抜きのできなくなった一部のため池では，土の護岸を保持し，水抜きを可能とする工法が開始された．これらのため池では，工事後にもゲンゴロウ類の生息が確認されている．

6. 地域への啓発活動

　地域住民が日常行ってきた伝統的な農業が生物多様性を保全してきたことを考えると，今後の持続的な保全のためには，地域住民の理解，合意形成による協働を強化することが不可欠である．

　そこで，地域住民がため池に関心をもち，水管理を復活する意識を向上させることを目的として，ため池の水抜きおよび，オオクチバスの駆除作業に参加してもらった．駆除作業は，地元新聞社，テレビ局に取り上げられ，地域全体での関心が高まった．ため池の水抜きの過程からは，しばらく行われていなかった伝統的な水管理手法が再認識され，オオクチバスの胃内容や駆除前後の生物相の変化からは，ため池の生物多様性の豊かさと外来種の脅威，水抜きによる駆除の効果が実感された．また，たまっていた底泥の除去や，コイ・フナなどの魚捕りの体験から，水抜きのメリットや楽しみも実感された．その結果，オオクチバスの駆除を行った池において水管理が復活した．これらのため池のなかには，2005年初夏の渇水時に，水田へ十分に水を落として利用できた池もあれば，水抜き後に栓を完全に閉められず水漏れした池もあった．

　また，現在の水田耕作やため池の水管理の形態，地域住民の生物多様性や外来種への認識を明らかにすること，私たちの活動を紹介し，ため池の所有者との関係をつくることを目的として，土地改良区と協力しアンケート調査を行った．対象は，ため池台帳に登録された約140カ所のため池の所有者および地区の代表であった．その結果からは，ため池の維持には水田耕作の継続が必要であることがはっきりと示された．生物多様性への意識はあまり高くないものの，オオクチバスの侵入を認識しており，駆除に対しては理解があり，地域の協力が可能であることが示された．

　その他，地元自治体の広報や土地改良区だよりへの掲載，土地改良区総会での講演を行った．2005年には，「里山——水辺環境を守るための協働」シ

ンポジウムを，地元，行政，研究者が協働で開催し，それぞれの立場から発表した．こうした機会を通じ，問題を周知するとともに，意見を交換することにより理解を深めた．

　地域住民が日々の監視により，オオクチバスの侵入や水生昆虫の採集者に気づくことは，保全のために重要である．ため池の生きものの保全について紹介したパンフレットを，農協の協力で約3000戸の全農家に配布し，そのなかで，オオクチバスの見分け方や希少なゲンゴロウ類の採集禁止について説明し，ため池の見回り中にオオクチバスや釣り人，採集者を発見した場合には行政に連絡してもらうこととした．2005年には，数カ所のため池での釣り人の目撃情報が集まるようになり，密放流が疑われた2カ所では地元による自発的な水抜きも5-20年ぶりに行われ，1カ所でオオクチバスの侵入を確認し，駆除した．こうして，ため池と地域住民とのかかわりが復活した．ため池の維持・管理が継続され，監視がなされることにより，密放流や乱獲の予防，さらには，ルアーや釣り針の残留，ゴミ，騒音，迷惑駐車などのトラブルの解決も期待される．

7. 地元小学校が開始した生物多様性モニタリング

　これらの取り組みの結果を評価，検討し，つぎの対策に活かすという順応的な保全へのアプローチを行うために，生物多様性をモニタリングする必要がある．その際には，ゲンゴロウ類などの希少水生昆虫や環境指標種のうち，調査を行いやすく，同定しやすく，興味をひく種で，かつ定量的な評価が可能となる種を対象とすることが有効である．同時に，外来種のモニタリングも必要である．現在は，私たちと行政が中心となってモニタリングを実施しているが，地域住民が地元の水辺環境を財産として認識し，保全を継続していくためには，自ら実施することが望ましい．

　そのための環境教育として，地元小学校・高校において，授業と自然観察会を実施して，伝統的な農業が水生生物の多様性を維持してきたことや，侵略的外来種の脅威について説明した．高校での授業後のアンケート調査からは，オオクチバスの脅威が実感されているが，子どもたちとため池とのかかわりは希薄化していることがわかった．

図 14.6 谷津田の最奥部につくられた池と湿地

　野鳥や水生生物の観察を続けてきた地元小学校では，学校周辺の川でメダカを発見できないなど，身近な自然が変化していることに気づいた．メダカの生息するため池は少なくないが，ため池までは関心がおよんでいなかった．そうしたなかで，農林総合事務所と，小学校，地域住民，私たちが協力して，谷津田の最奥部や，圃場整備対象地の一部に保全用の水域（いわゆる水辺ビオトープ）として池や湿地を創出した（図 14.6）．そこでは，小学校の自然観察会を行っており，子どもたちは，創出した池でメダカが増加したことや，メダカとともにほかの多くの生きものがみられることに気づいた．こうした水生生物相の変化を実証するために，小学生，保護者，教員，行政が観察会で採集したさまざまな水生生物について，種類を覚えながら記録するとともに，年に数回の私たちの調査結果を加えてモニタリングしてきた．水生昆虫（コウチュウ類，カメムシ類）の種数は，2003 年から 2005 年にかけて，5→13→16 と年々増加した．当初は，ヒメアメンボ，マツモムシなど，飛翔により移動しやすい種が確認された．以後，ミズムシ，フタバカゲロウ幼虫や，

ユスリカ幼虫，ヤゴ類などの増加に伴い，これらを餌とする，ゲンゴロウ類などの大型水生昆虫も2004年にはみられるようになった．これらの種では幼虫も確認され，繁殖していることがわかった．また，いくつかの希少種も確認されるようになった．さらに，これらの水生生物をサギ類などの水鳥が捕食していることも確認された．創出した池での水生生物の多様性が年々高まっていることは，周辺に残存する，種の供給源となる生息地からの移入を示している．

一方で，各地の事例では，創出後，一定の期間を過ぎると，植生遷移の進行などに伴って種数は減少に転ずる．そのため，ここでは，地元農家と小学校が協働で草刈りなどの定期的な攪乱となる管理を行っている．今後も水生生物相をモニタリングしながら，適切な管理により多様な水辺を維持するとともに，周辺の休耕田の湛水化などにより，水辺のネットワーク化を進めることが必要である．

これらの取り組みとその成果は，子どもたちの設置した看板や，地区の全戸に配布された学校だよりを通じて紹介されている．こうした環境教育の内容や子どもたちの意識の変化が家庭へと浸透し，子どもたちや家族が自宅周辺のため池などの水辺を調査することにより，地域全体での水生昆虫相のモニタリングを行うことが可能となる．その過程で，地域住民が保全の意識を向上させ，関心を高め，自らのやりがいを感じることができれば，地元による長期的なモニタリングへとつながる．

8. 今後の課題と目標

ため池の水管理を復活させ，外来種の駆除を行うことは農村の水生昆虫の保全に有効である．しかし，そのためにはさまざまな課題が存在する．

オオクチバスの侵入したため池では，早期から少なくとも3年間の水抜きを継続し，完全に駆除することが望ましい．密放流による拡散の供給源となるダム湖でも早急な対策が必要である．

利用されなくなったため池では，私たちが，水位変動を行うような年に数回の水管理を試験的に行い，水生昆虫の種組成や個体数の変化をモニタリングし始めた．その結果から，水生昆虫の保全に適した水管理の頻度や程度を

検討し，地域全体に適用して，地元住民と協力しながら，3-5年に1回の定期的な水抜きを実施する予定である．その際，ため池やその周辺に生息する希少種の分布や移動能力を考慮し，いっせいには行わず順次計画的に行うことを考えている．

休耕田の増加に対しては，一部ですでに実施しているように，谷津田を休耕化するかわりに最奥部を湛水化することを計画している．自然観察会から，生物多様性モニタリングに関心をもった地元小学校は，地区長らと，調査会を結成し，私たちとともに数カ所の休耕田における湛水化を計画し，予備調査を始めている．将来的には，地域全体での湛水化により，トキやコウノトリも生息できるような生物多様性の高い環境の創出をめざしている．

これらの取り組みを，集落単位での農協の座談会などで説明することから広げて，地域ぐるみで実現することは，農業と共存し，伝統的な管理方法にならった，持続的な生物多様性保全のためのモニタリングを行うための土台となる．活動はまだ始まったばかりであり，農村では都市部と異なり住民参加型の活動はむずかしいなど，今後に向けての課題も多く残されている．2007年度より本格的に実施される農林水産省の農地・水・環境保全向上対策のモデルケースとしての活動を通じて，同様な状況にあるわが国の多くの農村地域での生物多様性保全に応用すること，やがては地域そのものの活性化につながることが期待される．

参考文献
環境省 http://www.env.go.jp/nature/intro/
苅部治紀（2002）オオクチバスが水生昆虫に与える影響——トンボ捕食の事例から．日本魚類学会自然保護委員会編『川と湖沼の侵略者ブラックバス——その生物学と生態系への影響』，恒星社厚生閣，東京，61-68．
苅部治紀（2003）移入生物が水生昆虫に与えるインパクト．『侵略とかく乱のはてに——移入生物問題を考える』，神奈川県立生命の星・地球博物館，72-75．
苅部治紀（2005）トンボにも影響を与える「ブラックバス」．昆虫と自然 40（6）：22-25．
深泥池水生生物研究会 http://www.jca.apc.org/~non/
中井克樹（1999）「バス釣りブーム」がもたらすわが国の淡水生態系の危機——何が問題で何をすべきか．森誠一編『淡水生物の保全生態学——復元生態学に向けて』，信山社サイテック，東京，154-168．
日本生態学会編（2002）『外来種ハンドブック』，地人書館，東京．

瀬能宏（2005）多様性保全か有効利用か――ブラックバス問題の解決を阻むものとは．生物科学 56（2）：90-100．
杉山秀樹（2005）『オオクチバス駆除最前線』，無朋社，秋田．
養父志乃夫（2005）『田んぼビオトープ入門』，農文協，東京．
淀大我（2002）日本の湖沼におけるオオクチバスの生活史．日本魚類学会自然保護委員会編『川と湖沼の侵略者ブラックバス――その生物学と生態系への影響』，恒星社厚生閣，東京，31-45．

おわりに

　今日,「生物多様性モニタリング」は,豊かで深い内容をもち,市場の成立していないさまざまな価値を守る機能を発揮するものとして期待されている.私たちは,市民や地域が主体となって進めるモニタリングの保全上の意義や社会的な意味を探り,より実り多い進め方を,保全生態学と環境社会学,そして,各地でのさまざまな実践のなかで培われた経験にもとづいて提案することが必要であると考えた.さらに,実施した研究,すなわちモニタリングをアセスメント,評価,調査,認識,学習などを含む広い語義でとらえ,グローバルな視点,ローカルな視点の両方からその意義を探った私たちの研究から,本書は生まれた.

　本書はこれからも継続されていく私たちの研究の中間的な報告でもある.今後とも,生物多様性モニタリングに熱意をもって継続的に取り組む市民のみなさんとの協働を通じて,この分野を,実践的にも科学的にもいっそう発展させ,生物多様性モニタリングの世界をさらに大きく実りあるものとして広げることをめざしたい.現在,国際的な協力のもとに進められようとしている「地球観測」においても,生物多様性のモニタリングは最重要課題の1つでもあり,参加型モニタリングの実践的研究は,ますます重要性を高めている.

　2年間にわたって研究プロジェクトに対するご支援をいただき,本書の出版にも多大なご援助をいただいた日本生命財団には深い感謝の意を表したい.この研究には,プロジェクト代表者の鷲谷いづみ(東京大学)に加えてつぎのメンバーが正式メンバーとして参加した.飯島博(NPO法人アサザ基金),開発法子(財団法人日本自然保護協会),菊池玲奈(東京大学),鬼頭秀一(東京大学),高村典子(独立行政法人国立環境研究所),西川潮(独立行政法人国立環境研究所),西廣淳(東京大学),長谷川眞理子(早稲田大学),丸山康司(独立行政法人産業技術総合研究所),向山玲衣(NPO法人アサザ基金),矢野徳也(NPO法人アサザ基金),さらにメンバーの研究室

周辺の若手や各団体のメンバーの参加を得て研究が進められた．石井潤（東京大学），角谷拓（東京大学），須田真一（東京大学），富田涼都（東京大学），西原昇吾（東京大学），渡辺敦子（東京大学），以上五十音順．

　各地の実践活動の現場で私たち研究プロジェクトのメンバーと協働・交流してくださった各団体，とくに，「日本雁を保護する会」「NPO法人蕪栗ぬまっこくらぶ」「宍塚の歴史と自然の会」「水海道自然友の会」「さくらの自然と親しむ会」「鳥取県西部希少植物保全調査会」「イネ科花粉症を学習するグループ」「むさしの昆虫研究会」のみなさんにも深い感謝の意を表したい．これらの各団体のみなさんとの協働を通じた経験の蓄積なくしては本書が編まれることはなかっただろう．これらの団体の活動の豊かな蓄積が本書の土台を提供してくださったからだ．

　最後になったが，編集の労をおとりいただいた東京大学出版会編集部の光明義文さんにも厚くお礼を申し上げたい．

編者を代表して　鷲谷いづみ

索引

ア　行

会津農書　132
IT　190
IPCC（気候変動政府間科学パネル）　7
青森県　95
アサザプロジェクト　119, 144
アースフィルダム　53
遊び　26
遊び仕事　27
アメリカザリガニ　211
アンケート　85
アンケート調査　221
アンブレラ種　56
池の水抜き　199
意志決定過程　35
維持的サービス　15
イトトンボ　189
胃内容分析　217
稲作漁撈　119
イネ科花粉症を学習するグループ　45
インパクト　75
ウィルソン　22
牛久市　175
牛久沼　176
ウダレ　147
宇宙開発　191
ウナギ　145
ウナギカマ　146
衛星画像　190
NGO　76
エンマ（江間）　108
オオクチバス　211, 218
オオクチバス駆除　214

お仕置き　102
オダ漁　115
オニバス　196, 197
小野川　176
オーバーユース　75
OFF 情報　166
ON 情報　166

カ　行

海上の森　77
かいぼり　54
外来魚　197
外来種　25
外来生物　46
外来生物法　65, 212
カエル　181
攪乱　24, 42
火山活動　42
霞ヶ浦　142, 173
霞ヶ浦・北浦アサザプロジェクト　173
稼ぎ　26
仮説　181
カタストロフィック・シフト　19
学校ビオトープから始まるまちづくり実行委員会　186
河童　176
蕪栗沼　128, 129, 130
蕪栗沼宣言　130, 131
鎌倉中央公園を育てる市民の会　77
軽井沢　44
環境影響評価法　72
環境学習　87
環境学習効果　160
環境教育　152, 222

環境教育プログラム　173
環境支払い　40
環境指標種　222
環境社会学　142
環境要素　178
環境倫理学　23
監視　222
看板設置　220
聞き取り　77, 199
聞き取り調査　179
危急種　56
企業の社会貢献活動（CSR）　7
気候変動枠組み条約　14
希少種　212
キーストーン種　56
季節的な水位変動　200
北浦　173
休耕田の増加　210
休耕田の湛水化　224
狭義の生物多様性　28
共存　192
協働　34, 35
緊急の対策　213
ギンヤンマ　190
空間配置　188
駆除の継続　217
駆除の効果　219
グローバル化　192
景観　75
系統保存　199
ゲンゴロウ類　209
県指定希少野生動植物種　220
原生自然　23
合意形成　73
広義の生物多様性　28
コウノトリ　191
功利主義的価値　22
個体数の低減　219
子どもと大人が協働する社会　189
コモンズ　27
固有性　5
孤立した生息地　204

コンクリート護岸　61, 63
コンクリートの張りブロック　61, 63
昆虫情報集積システム　162

サ　行

栽培植物の品種　20
サクラソウ　42
サクラソウ会議　44
里山（やま）　24, 74, 142
里やま保全活動　74
参加　34, 35
GIS　86
シエラ・ゴルダ・エコロジカルグループ　39
資源　23
資源供給サービス　15
仕事　27
宍塚大池　77, 193
宍塚の自然と歴史の会　77, 195, 207
市場経済　149
自然環境保全審議会　71
自然観察会　72, 222
自然再生　3, 31
自然の価値　92
自然の多元性　94
自然の恵み　15
自然保護　70, 89
持続可能性　3
実験　181
実地調査　159
質問紙調査　116
市民参加　72
市民参加型調査　86, 160, 167, 169, 170, 171
社会科学的モニタリング　93
社会的共同性　27
シャープゲンゴロウモドキ　212
斜面林　180
ジャンボ　113
獣害問題　90, 104, 105
住民代表　73
種間の多様性　4
種内の多様性　4

種に関する情報　158
ジュンサイ　196, 197, 206
順応的管理　6, 10, 31, 97
証拠主義　163
象徴種　56
植生復元　144
食物網　203
白子湧水群　77
白鳥地区　127, 128, 129
進化　22
新・生物多様性国家戦略　6, 25
侵入の予防　212
人文社会科学的なモニタリング　33
伸萠地区　134, 135, 138
侵略的外来種　211
水郷　108
水質汚濁　61, 64
水質浄化　54
水生昆虫　198, 209
水生植物　51
水生植物種数　61
水生生物相の変化　223
水利慣行　200
水利組合　67
杉並区　168
スタティックな「合意形成」　32
スノーボールサンプリング　109
生活者　73
生業　26, 143
生業の産業化　148
精神的共同性　27
生態系サービス　8, 14, 55
生態系の健全性　4
生態系の多様性　4
生態的指標種　56
生物供給源　188
生物供給ポテンシャル　189
生物相調査　218
生物（の）多様性　4, 22, 52
生物多様性条約　14, 22
生物多様性の保全　151
生物多様性モニタリング　4

生物認識率　116
セイヨウオオマルハナバチ　46
絶滅危惧種　42, 55, 61, 219
セルフ調査　161
先住民族の権利　22
総合化　187
総合学習　186
相互変容　32
底泥の蓄積　201
粗朶　144
ゾーニング　25
存在価値　5

タ　行

タイトなコモンズ　27
ダイナミックな合意形成　32
田尻町　125, 134, 138, 139
タヌキモ　197
ため池　50, 51, 52, 57, 59, 62, 66
ため池台帳　53
ため池の改修　210
ため池の水管理　210
ため池群　209
ため池整備　64
タンカイ　110
地域　34
地域学習　85
地域計画　87
地域情報　76
地域性　34
地域体験　85
地域特性　175
地域の生物情報　158
「近い」自然　91, 105
地球　191
地球サミット　22
抽水植物　57, 65, 113
抽水植物群落面積　61
調査票　164, 165
調査用地図　164
調節的サービス　15
沈水植物　65, 111

ツクシ　115
定期的な管理　224
伝統　23
伝統的漁撈　114
伝統的生態学的知識（TEK）　107
伝統的な知　35
伝統的な農業　210
天然記念物　96
テンポラリーポンド　54
盗掘　75
「遠い」自然　91, 105
トキ　190
とくしま自然観察の会　77
特定外来生物　65, 212
土壌シードバンク　205
土地改良　150
鳥取県西部　43
鳥取県西部希少野生植物保全調査研究会　43
泥さらい　54
トンボ　181

ナ　行

内在的な価値　22, 24
南北問題　24
二項対立図式　23
二次的自然　24
日常空間　189
ニホンザル問題　93, 95
日本自然保護協会　73
人間-自然系　70
人間中心主義　24
人間の幸せな暮らし　15
人間のシステムと自然のシステムの共進化　29
人間非中心主義　24
Nature Conservation　70
ネットワーク　173
農村　209
農村環境計画　220
農地・水・環境保全向上対策　225
能登半島　209

ハ　行

バイオリージョナリズム（生命地域主義）　34
バイオリージョン（生命地域）　34
場所に関する情報　158
ハス　195
ハス刈り　199
ハナレザル　102
半栽培　30
ビオトープ　177
干潟　71
ヒシ　196, 197
ヒトダマ　120
人とサルの共存　103
人と自然とのふれあい　70
人と自然との豊かな触れ合い　71
ひとと自然のかかわり　142
富栄養化　201
福祉　188
踏みつけ　75
浮遊植物　65
ふゆみずたんぼ　127, 132, 133, 134, 135, 137, 138
浮葉植物　57, 113
ブラックバス　197
プール　177
ブルーギル　197
ふれあい情報　87
ふれあい情報データベース　86
ふれあい調査　70
文化　23, 34
文化的サービス　15
文化的多様性　22
文献（資料）調査　159
防除指針　212
防除モデル事業　212
補完原則　105
保護管理計画　97
圃場整備　210
保全　24
保全（の）意識　75, 213

保全活動　213
保全計画　76
保全目標　75
保存　24

　　マ　行

マイナーサブシステンス　26, 143
マガン　125, 127
まちづくり（地域コミュニティ活性化）
　　173
マルサ・イザベラ・ルイツォ・コルツォ
　　40
水草群落の再生　205
水辺のエコトーン　109, 118
水辺ビオトープ　223
身近な自然　223
密放流　212
ミレニアム・エコシステム・アセスメント
　　49
ミレニアム生態系評価　13, 39
民俗学　142
むさしの自然史研究会　162, 169
むさしの自然指標調査会　161
メダカ　181
メッシュコード　164
モク　111, 148
藻とり　54
モニタリング　7, 76, 203
ものみ山自然観察会　77

　　ヤ　行

谷津田　176, 225

ヤマ　148
山崎の谷戸　77
ユイ　147
有機体論　24
湧水　183
揺らぎ　101
吉野川河口　77
予防原則　31
予防的アプローチ　5

　　ラ　行

ライフヒストリー　143
ラムサール条約　14
ラムサール条約湿地　126, 140
乱獲　212
理科教材　211
理事会声明　14
リスクマネジメント　31
流域管理システム　190
履歴　30
ルースなコモンズ　27
歴史　34, 188
老朽化ため池改修事業　213
老朽ため池整備便覧　63
ローカル・ノレッジ　32, 34

　　ワ　行

渡良瀬未来プロジェクト　191
渡り鳥　191

執筆者一覧（五十音順，所属は執筆時）

飯島　博　　NPO法人アサザ基金　第12章
石井　潤　　東京大学大学院農学生命科学研究科　第13章
開発法子　　財団法人日本自然保護協会　第6章
苅部治紀　　神奈川県立生命の星・地球博物館　第14章
菊池玲奈　　東京大学大学院農学生命科学研究科　第9章
鬼頭秀一　　東京大学大学院新領域創成科学研究科　第3章
須田真一　　東京大学大学院農学生命科学研究科　第11章
角谷　拓　　東京大学大学院農学生命科学研究科　第13章
高村典子　　独立行政法人国立環境研究所　第5章
富沢　章　　石川県ふれあい昆虫館　第14章
富田涼都　　東京大学大学院新領域創成科学研究科　第10章
西原昇吾　　東京大学大学院農学生命科学研究科　第14章
丸山康司　　独立行政法人産業技術総合研究所　第7章
向山玲衣　　NPO法人アサザ基金　第12章
鷲谷いづみ　東京大学大学院農学生命科学研究科　第1, 2, 4, 9章
渡辺敦子　　東京大学大学院農学生命科学研究科　第8章

編者略歴

鷲谷いづみ（わしたに・いづみ）

1950 年　東京都に生まれる．
1978 年　東京大学大学院理学研究科博士課程修了．
現　在　東京大学大学院農学生命科学研究科教授，理学博士．
専　門　保全生態学
主　著　『自然再生──持続可能な生態系のために』（2004 年，中央公論新社），『生態系へのまなざし』（共著，2005 年，東京大学出版会），『サクラソウの目［第 2 版］──繁殖と保全の生態学』（2006 年，地人書館）ほか．

鬼頭秀一（きとう・しゅういち）

1951 年　愛知県に生まれる．
1984 年　東京大学大学院理学系研究科博士課程単位取得退学．
現　在　東京大学大学院新領域創成科学研究科教授．
専　門　環境倫理学
主　著　『自然保護を問いなおす──環境倫理とネットワーク』（1996 年，筑摩書房），『環境の豊かさをもとめて──理念と運動』（編著，1999 年，昭和堂），『地球環境と公共性』（共著，2002 年，東京大学出版会）ほか．

自然再生のための生物多様性モニタリング

2007 年 2 月 14 日　初　版

［検印廃止］

編　者　鷲谷いづみ・鬼頭秀一

発行所　財団法人　東京大学出版会

代表者　岡本和夫

113-8654 東京都文京区本郷 7-3-1 東大構内
電話 03-3811-8814　Fax 03-3812-6958
振替 00160-6-59964

印刷所　株式会社三秀舎
製本所　有限会社永澤製本所

© 2007 Izumi Washitani and Shuichi Kitoh
ISBN 978-4-13-066157-7 Printed in Japan

Ⓡ〈日本複写権センター委託出版物〉
本書の全部または一部を無断で複写複製（コピー）することは，著作権法上での例外を除き，禁じられています．本書からの複写を希望される場合は，日本複写権センター（03-3401-2382）にご連絡ください．

鷲谷いづみ・武内和彦・西田睦
生態系へのまなざし ──四六判／328頁／2800円

武内和彦
環境時代の構想 ──四六判／232頁／2300円

武内和彦・鷲谷いづみ・恒川篤史編
里山の環境学 ──Ａ５判／264頁／2800円

小野佐和子・宇野求・古谷勝則編
海辺の環境学 ──Ａ５判／288頁／3000円
大都市臨海部の自然再生

鷲谷いづみ編
サクラソウの分子遺伝生態学
エコゲノム・プロジェクトの黎明 ──Ａ５判／320頁／5400円

樋口広芳編
保全生物学 ──Ａ５判／264頁／3200円

小池裕子・松井正文編
保全遺伝学 ──Ａ５判／328頁／3400円

ここに表示された価格は本体価格です。ご購入の際には消費税が加算されますのでご了承ください。